飞机复合材料无损检测技术

主　编　张海兵

副主编　杜百强　杨庆峰

参　编　马大勇　王　莉　王龙训　朱龙翔　黄富明

U0282863

国防工业出版社

·北京·

内 容 简 介

本书全面系统地介绍了航空领域复合材料的无损检测技术及其应用。介绍了复合材料的通用性概念以及基础知识,详细论述了复合材料中缺陷的形态、性质和特点,分析了飞机复合材料在无损检测与评估、工艺的无损检测与评估、结构的无损检测以及复合材料服役和修理等几个方面的无损检测必要性。阐述了飞机复合材料超声检测及新技术、射线检测技术、料激光散斑检测技术、红外检测技术、声振检测技术和其他的适合飞机复合材料的无损检测技术,包括每种技术的原理与特点、主要的方法和技术、典型的检测设备以及应用等。本书还介绍了复合材料无损检测的标准,主要有复合材料无损检测标准的作用、重要性、分类等,并以 Q/ZHFC CNDT 标准为例介绍了标准体系的特点、内容和应用指南。

本书可供高等院校无损检测专业学生、教师和相关领域及学科的工程技术人员阅读参考。

图书在版编目(CIP)数据

飞机复合材料无损检测技术/张海兵主编 . —北京:
国防工业出版社,2020. 8
ISBN 978-7-118-12125-4

Ⅰ. ①飞… Ⅱ. ①张… Ⅲ. ①飞机–复合材料–无损
检验 Ⅳ. ①V257

中国版本图书馆 CIP 数据核字(2020)第 122077 号

※

国防工业出版社出版发行
(北京市海淀区紫竹院南路 23 号 邮政编码 100048)
北京虎彩文化传播有限公司印刷
新华书店经售

*

开本 710×1000 1/16 印张 10½ 字数 194 千字
2020 年 8 月第 1 版第 1 次印刷 印数 1—1500 册 定价 75.00 元

(本书如有印装错误,我社负责调换)

国防书店:(010)88540777 书店传真:(010)88540776
发行业务:(010)88540717 发行传真:(010)88540762

前　言

目前,复合材料在飞机领域的应用达到空前的规模,迄今为止,战斗机使用的复合材料占所用材料总量的 30% 左右,新一代战斗机达到 40%;直升机和小型飞机复合材料用量达到 70%~80%,甚至出现全复合材料飞机。对飞机的高质量、高可靠性和高性能的要求,必须对复合材料进行 100% 无损检测。因此,发展先进可靠的复合材料无损检测技术,其重要性和意义不言而喻。由于复合材料的复杂性和飞机工作环境的特殊性,因此,复合材料在制造和使用中出现了诸多损伤缺陷,严重危及飞行安全。一些常规的无损检测技术难以满足新型复合材料的检测要求,为改进原有的无损检测方法或者探索新的无损检测方法,编者在大量调研和试验的基础上,总结了前人的成功经验,探索与实践了新的无损检测方法。

本书是一线无损检测人员进一步强化和提高复合材料检测水平,理论结合实践的重要参考用书,旨在培养运用专业知识分析和解决工程实际问题的能力,培养创新意识和工程实践能力。全书共分为 8 章,第 1 章介绍复合材料的通用性概念以及基础的知识,并讲述复合材料的常见缺陷,详细论述复合材料中缺陷的形态、性质和特点,以及常用的无损检测方法,同时分析飞机复合材料在无损检测与评估、工艺的无损检测与评估、结构的无损检测以及复合材料服役和修理等几个方面的无损检测必要性。第 2 章~第 7 章分别介绍飞机复合材料超声检测及新技术、射线检测技术、料激光散斑检测技术、红外检测技术、声振检测技术和其他的适合飞机复合材料的无损检测技术。同时介绍每种技术的原理与特点、主要的方法和技术、典型的检测设备以及应用等。第 8 章介绍复合材料无损检测的标准,主要有复合材料无损检测标准的作用、重要性、分类等,并以 Q/ZHFC CNDT 标准为例介绍了标准体系的特点、内容和应用指南。

在本书的编写过程中,参考了相关的文献资料,在此向这些文献资料的作者表示衷心的感谢。

由于编者水平有限,书中难免存在疏漏之处,敬请广大读者批评指正。

目　　录

第1章 飞机复合材料基础知识

1.1 复合材料基础知识

1.1.1 复合材料的定义

复合材料是由有机高分子、无机非金属或金属等几类不同材料通过复合工艺组合而成的新型材料。它既保留原组成材料的重要特色,又通过复合效应获得原组分所不具备的性能。可以通过材料设计使各组分的性能互相补充并彼此关联,从而获得更好的性能,与一般材料的简单混合有本质区别。

1.1.2 复合材料的构成、分类、命名及性能特点

1. 构成

基体:连续相,把改善性能的增强相材料固结成一体,并起传递应力的作用。

增强材料:分散相,也称为增强体、增强相等显著增强材料的性能。

在多数情况下,分散相较基体硬,刚度和强度较基体大。分散相可以是纤维及其编织物,也可以是颗粒状或弥散的填料。在基体和增强体之间存在着界面。

2. 分类

按增强体几何形态分类,复合材料分为纤维增强复合材料、颗粒增强复合材料、层状复合材料;按增强纤维类型分类,复合材料分为碳纤维复合材料、硼纤维复合材料、玻璃纤维复合材料、有机纤维复合材料、混杂纤维复合材料;按基体分类,复合材料分为聚合物基复合材料、金属基复合材料、无机非金属基复合材料;按用途不同分类,复合材料分为结构复合材料、功能复合材料。

3. 命名

复合材料在世界各国还没有统一的名称和命名方法,比较共同的趋势是根据增强体和基体的名称来命名,通常有以下三种情况:

（1）强调基体时以基体材料的名称为主，如树脂基复合材料、金属基复合材料、陶瓷基复合材料等。

（2）强调增强体时以增强体材料的名称为主，如玻璃纤维增强复合材料、碳纤维增强复合材料、陶瓷颗粒增强复合材料等。

（3）基体材料名称与增强体材料并用。这种命名方法常用来表示某一种具体的复合材料，习惯上把增强体材料的名称放在前面，基体材料的名称放在后面。

例如，"玻璃纤维增强环氧树脂复合材料"，或简称为"玻璃纤维/环氧树脂复合材料或玻璃纤维/环氧"。而我国则常把这类复合材料通称为"玻璃钢"。碳纤维和金属基体构成的复合材料称为"金属基复合材料"，也可写为"碳/金属复合材料"。碳纤维和碳构成的复合材料称为"碳/碳复合材料"。

4. 性能特点

与金属材料比，复合材料具有以下特点：

（1）比强度、比模量高。

（2）各向异性和性能的可设计性。

（3）耐疲劳性、耐腐蚀性能好。

（4）层间强度低。

（5）对湿热环境敏感。

（6）冲击韧性差。

由表1-1可见：碳纤维Ⅱ/环氧的密度约为钢的1/5，铝的1/2。

比模量：碳纤维Ⅱ/环氧复合材料为钢、铝合金、钛合金的5倍左右。

作用：在强度和刚度相同的情况下，结构质量可以减轻，或尺寸减小。这在节省能源，提高构件的使用性能方面，是现有其他材料所不能比拟的。

另外，其他基体的复合材料，凡是用作结构材料的，其比强度、比模量大都比原来单一的基体材料高得多。

表1-1 飞机常用材料的性能

材料	密度 /（g/cm³）	拉伸强度 /×10³MPa	弹性模量 /×10²GPa	比强度 /×10⁵cm	比模量 ×10⁵cm
钢	7.8	1.03	2.1	0.13	0.27
铝合金	2.8	0.47	0.75	0.17	0.26
钛合金	4.5	0.96	1.14	0.21	0.25
玻璃纤维复合材料	2.0	1.06	0.4	0.53	0.20
碳纤维Ⅱ/环氧	1.45	1.5	1.4	1.03	0.97
碳纤维Ⅰ/环氧	1.6	1.07	2.4	0.67	1.5

2

材料	密度 /(g/cm³)	拉伸强度 /×10³MPa	弹性模量 /×10²GPa	比强度 /×10⁵cm	比模量 ×10⁵cm
有机纤维/环氧	1.4	1.4	0.8	1.0	0.57
硼纤维/环氧	2.1	1.38	2.1	0.66	1.0
硼纤维/铝	2.65	1.0	2.0	0.38	0.57

1.1.3　复合材料的特点

复合材料的缺陷评估与结构件无损检测与其内部微结构和成形工艺、结构形式等密切有关。复合材料的无损检测与缺陷评估，首先必须对被检测复合材料及其成形工艺、结构形式等有所了解。从无损检测角度考虑，通常复合材料具有以下几个基本特点：

（1）材料组分的性能差别明显。复合材料通常是由两种或者两种以上具有不同物理或化学性能的材料成分合成而形成的一种固体材料，由基体材料和增强体组成，通过不同材料组分——基体和增强体的物理组合，可以得到性能或功能显著增长的复合材料，进而通过材料的设计、结构设计以及成形工艺的设计，满足各种不同的工程应用。因此，通常复合材料中的基体材料和增强体具有显著不同的物理性能和力学性能。了解和掌握复合材料这种特性，可以有效地理解无损检测信号变化规律，进行复合材料缺陷的准确识别。

（2）界面复杂。复合材料是利用不同材料组分的某些特性，通过专门的材料或者工艺过程进行复合，形成新的材料或结构，使其性能得到提升或者增强，且多以铺层的组合实现结构件的制造。不同材料组分的复合或者合成的过程，主要是通过彼此间的界面结合来完成，其内部材料的连续性和结构完整性主要是通过这种界面的良好结合来实现，其内部存在大量的结合界面，包括复合材料内部各结构元素，如增强体（如纤维）、基体（如树脂）铺层等形成的结合界面。碳纤维增强树脂基复合材料内部存在大量的层间界面、纤维-树脂界面，从更细的微观尺度上，纤维自身还有不同物理界面。大量的检测结果和破坏分析表明，最容易产生缺陷的地方恰好是在复合材料内部这些物理界面。界面的结合质量和完整性直接影响复合材料结构的力学性能。因此，界面缺陷的无损检测对复合材料，特别是对于复合材料层压结构而言特别重要。

（3）复合材料的各向异性明显。由于复合材料通常是由两种或者两种以上具有不同物理或化学性能的材料组分合成的，因此，这种不同性能的材料组分本身就会导致复合材料的各向异性。例如，碳纤维本身在其轴向和径向具有明显不同的力学性能，当它与树脂基体合成后形成的碳纤维树脂基复合材料仍然会存在显著的各向异性。由于材料组分的各向异性,还会导致复合材料结构各向异性。例如,碳纤维树脂基复合材料层压结构就具有明显的各向异性,而复合材料的这种各向异性与无损检测信号的形成与变化在很多时候存在着密切的数理联系。

(4) 复合材料种类繁多。根据用途的不同,目前复合材料大致可分为:①树脂基复合材料,如碳纤维复合材料、玻璃纤维复合材料、石英纤维复合材料、硼纤维复合材料、凯芙拉(Kevlar)纤维复合材料等;②金属基复合材料;③高温复合材料,如陶瓷基复合材料、碳-碳(C-C)复合材料等。其中树脂基复合材料是目前应用最为广泛、应用规模最大的复合材料;金属基和高温复合材料目前尚处于不断探索和应用研发阶段。此外,作为未来复合材料的发展方向的绿色复合材料、纳米复合材料正不断受到人们的关注,也是国际上新材料重要发展方向。不同的复合材料通常需要建立相应的材料缺陷表征与无损评估方法。

(5) 复合材料成形工艺复杂多样。基于不同的复合材料制备工艺可以得到性能和功能各异的复合材料结构,不同的复合材料,其成形工艺不同。目前,树脂基复合材料成形工艺方法可分为热压罐成形、模压成形、液体成形(包括树脂传递模塑、树脂膜渗透、真空辅助成形)、纤维缠绕成形、拉挤成形、隔膜成形、丝束铺放成形等。金属基复合材料成形方法可分为固相成形和液相成形。陶瓷复合材料成形方法可分为固相烧结、化学气相渗透和化学气相沉积等成形方法。不同的复合材料及其成形工艺,往往需要建立相应的工艺缺陷表征与无损评估方法。

(6) 复合材料结构变化多样。基于不同的复合材料及其工艺,可以设计制造出不同用途的复合材料结构件。在航空领域,工程上常用的树脂基复合材料结构形式非常多样化,理论上,可以根据实际产品的性能或者功能要求,进行复合材料结构件的设计和制造。按航空结构的几何特征分,目前树脂基复合材料结构主要有:①复合材料蒙皮结构;②带加强筋的复合材料壁板结构;③复合材料整体结构;④梁肋结构;⑤回转体结构等。按复合材料结构的类型分,树脂基复合材料结构主要有:①层压结构;②夹芯结构;③缝合结构;④缠绕结构;⑤编织结构;⑥丝束铺放;⑦纤维拉挤结构等。通常需要根据复合材料结构特点和设计要求,选用相应的固化成形方法,有些复合材料结构只需要采用次固化成形,而有些复合材料结构则需要采取二次胶结(胶接)固化成形或者胶结共固化成形。不同的复合材料结构及其成形工艺,往往需要建立相应的缺陷评估与无损检测方法和面向复合材料结构件的无损检测实现技术。

(7) 复合材料缺陷行为与检测信号规律复杂。不同的复合材料、不同复合材料成形工艺和制造工序阶段和服役过程,可能引起的复合材料缺陷或者损伤有显著的不同,其缺陷或者损伤所表现出来的检测信号特征可能会明显不同。在较多的时候,即使仪器存在显著的缺陷信号指示,但可能不一定是由超标缺陷引起的。因此,复合材料的无损检测必须对材料工艺和结构等背景知识有所掌握,特别是要了解不同复合材料、成形工艺和制造工序及服役过程中可能产生的常见复合材料缺陷或损伤及其基本特征,对检测信号的形成原因有清晰的理解。

1.2　飞机复合材料的发展现状

随着航空制造技术的不断发展,复合材料以其高的比强度、比刚度及良好的抗疲劳性和耐腐蚀性获得广泛应用。复合材料正逐步成为新型飞机的主要结构材料,如民航波音系列和军用飞机都大量使用了复合材料,应用于机翼、垂尾、方向舵、雷达罩等部件。复合材料的应用对飞机结构轻质化、小型化和高性能化起着至关重要的作用。

据国外有关资料报告,先进战斗机每减重 1kg,就可节约使用成本 1760 美元;喷气发动机结构质量减 1kg,飞机结构可减重 4kg,升限可提高 10m;航天飞机的质量每减轻 1kg,其发射成本费用就可以减少 15000 美元。

西方国家在很短的时间内就实现了从非受力件和次受力件到主受力件应用的过渡,无论是用量还是技术覆盖面都有了很大的发展。目前,正在研制的战斗机中所使用的复合材料可占飞机结构总质量的 50% 以上。

从国外情况看,各种先进的飞机都与复合材料的应用密不可分,复合材料在飞机上的用量和应用部位已成为衡量飞机结构先进性的重要指标之一。复合材料在飞机上的应用呈现如下发展趋势:

(1)复合材料在飞机上的用量日益增多。复合材料用量通常用其所占飞机机体结构质量的百分比表示,纵观复合材料在民机上的发展情况发现,无论是波音公司还是空中客车公司,随着时间推移,复合材料的用量都呈增长趋势。最具代表意义的是空客公司的 A380 客机和波音公司的 787 客机。在 A380 客机上仅碳纤维复合材料的用量就达 32t 左右,占结构总重的 15%,再加上其他种类的复合材料,估计其总用量可达 25% 左右。787 客机上初步估计复合材料用量可达 50%,远远超过了 A380 客机。另外,复合材料在军机和直升机上的用量也有同样的增长趋势。

(2)应用部位由次承力结构向主承力结构过渡。飞机上最初采用复合材料的部位有舱门、整流罩、安定面等次承力结构,目前已广泛应用于机翼、机身等部位,向主承力结构过渡。从 1982 年开始用复合材料制造飞行操纵面(如 A310-200 飞机的升降舵和方向舵),空客公司在主承力结构上使用复合材料已有二十多年的经验。在 A380 客机上采用的碳纤维复合材料大型构件主要有中央翼盒、翼肋、机身上蒙皮壁板、机身后段、机身尾段、地板梁、后承压框、垂尾等,大量的主承力结构都采用了复合材料。787 客机复合材料的应用则更让世人瞩目,其机身和机翼部位采用碳纤维增强层合板结构代替铝合金;发动机短舱、水平尾翼和垂直尾翼、舵面、翼尖等部位采用碳纤维增强夹芯板结构;机身与机翼衔接处的整流蒙皮采用玻璃纤维增强复合材料。与 A380 客机相比其用量更大,主承载部位的应用更加广泛,这将是世界上采用复合材料最多的大型商用喷气客机。

(3) 复合材料在复杂曲面构件上的应用越来越多。飞机上复杂曲面零件很多,复合材料的应用也越来越多,比如 A380 机身 19 段、19.1 段和球面后压力隔框等均为采用复合材料的具有复杂曲面的大尺寸受力组件,分别采用纤维铺放技术和树脂膜渗透(RFI)工艺制造。在大型复杂曲面构件上应用复合材料最典型的例子,当属洛克希德·马丁公司在联合攻击机(JSF)项目中的复合材料进气道。采用纤维铺放技术制造的 JSF 进气道,通道截面沿 S 形轴线由矩形向圆形过渡,同时直径逐渐变小,形状非常复杂。该进气道由 4 部分碳纤维/环氧复合材料结构组成,采用夹芯结构增强刚度,实现减重并降低了成本。

在复杂曲面轮廓上应用复合材料存在潜在的制造变形问题,与铺层边界吻合的复杂曲面的铺层展开形状难以确定,更严重的是铺层甚至无法展开,在设计制造方面具有很大的难度,该类零件的设计具有挑战性。

(4) 构件向整体成型、共固化方向发展。飞机上大量采用复合材料的一个主要目的就是减重,而复合材料构件的共固化、整体成型能够成型大型整体部件,可以明显减少零件、紧固件和模具的数量。减少装配是复合材料结构减重的重要措施,也是降低成本的有效方法。

构件整体成型最有代表性的例子是 Premie Ⅰ 商务机采用纤维铺放技术制造的整体成型机身结构。该机身厚度为 20.6mm,采用碳纤维增强复合材料作为面板的蜂窝夹层结构,消除了传统铝制机身中需要的桁条和框架,由此比相同尺寸的飞机增加了 33% 的客舱空间,并带来了 25% 的减重。Premie Ⅰ 商务机的机身只有两个整体成型的部件构成,整个机身质量小于 273kg,而同样大小的铝合金机身结构将包括加强筋、框架、舱壁、外蒙皮等,零部件数目超过 3000 个,质量至少为 454kg。零部件数目的减少在很大程度上缩短了生产周期,减少了在制造和装配部件过程中的工时,从而大幅度降低成本。然而,当越来越多的功能被集成到单一部件中时,复杂程度大大增加,使设计和制造具有更大难度,需要设计的创新以及制造集成零件的先进技术来保证。

1.3 飞机复合材料结构的常见损伤

飞机复合材料中的缺陷类型一般包括孔隙、夹杂、裂纹、疏松、纤维分层与断裂、纤维与基体界面开裂、纤维卷曲、富胶或贫胶、纤维体积百分比超差、铺层或纤维方向误差、缺层、铺层搭接过多、厚度偏离、磨损、划伤等,其中孔隙、分层与夹杂是最主要的缺陷。材料中的缺陷可能只是一种类型,也可能是好几种类型的缺陷同时存在。

缺陷产生的原因是多种多样的,有环境控制方面的原因,有制造工艺方面的原因,也有运输、操作以及使用不当的原因,如外力冲击、与其他物体碰撞和刮擦等,具体如表 1-2 ~ 表 1-4 所列。对缺陷产生原因进行准确分析,可以有针对性地采取预防与控制措施,减少缺陷形成的概率,保证结构质量和性能满足要求。

1. 成型过程中产生的缺陷

复合材料在成型过程中往往会由于工艺原理和理论的非完美性而产生缺陷,人为操作的随机性会产生夹杂、铺层错误、固化不完全等缺陷,固化过程控制不好会产生孔隙、分层、脱胶等缺陷。原材料因素,也是复合材料产生缺陷的一个主要原因。预浸料中局部树脂含量不均匀、毛团、纤维弯曲会造成复合材料的贫胶、富胶和纤维曲屈。如果预浸料储存时间过长,则会在固化成型过程中因树脂的流动性变差而导致贫胶、富胶、纤维脱黏以至分层等缺陷。如果这些缺陷不能及时发现,对复合材料的性能会有很大影响,甚至会造成不可挽回的损失。

2. 使用过程中产生的缺陷

复合材料构件在使用过程中往往会由于应力或环境因素而产生缺陷,以至被破坏。复合材料损伤的产生、扩展与积累会加剧材料的环境与应力腐蚀,加剧材料老化,造成材料的耐湿热性能严重下降,强度与刚度急剧损失,大大降低材料的使用寿命,有时会造成严重后果。传统观念采取的是发现问题后进行修补(维修或修理)的办法,要求在发现危及安全的缺陷后立即进行修复。而新的观念是预测并管理,要求对可能发生的缺陷、故障进行预报,从而能在某一合适时间段内采取措施。所以复合材料在使用过程中的定期检测,就显得极为重要,也越来越受到人们的重视。

表 1-2　典型制造缺陷

缺　　陷	典 型 原 因
孔隙	固化过程控制不好
分层	1. 混入了脱模剂； 2. 固化过程控制不好； 3. 成型或制孔时的缺陷形成分层
脱胶	1. 零件装配不协调； 2. 混入脱模剂； 3. 固化过程控制不好
表面损伤	1. 脱模方法不正确； 2. 操作错误
钻孔错误	钻孔模板有问题

表 1-3　典型环境损伤

损　　伤	典 型 原 因
表面氧化损伤	1. 雷击； 2. 过热； 3. 枪弹冲击损伤
分层	1. 低温冷冻—高温加热循环产生的应力使胶层开裂； 2. 热冲击
蜂窝夹层板脱胶	1. 低温冷冻—高温加热循环产生的应力使胶层开裂； 2. 热冲击
夹芯腐蚀	蜂窝中有水分
表面鼓泡	使用了不适当的溶剂

表 1-4　典型使用损伤

损　　伤	典 型 原 因
刀痕、划伤	操作错误
腐蚀坑	雨蚀,砂蚀
分层	冲击损伤
脱胶	冲击损伤,超载
圆孔变形	超载,挤压破坏
由分层和夹芯压坏产生的下陷	冲击损伤,人脚踩踏,跑道上石头碰撞
边缘损伤	机门和可拆卸部件使用不当
穿厚度损伤,形成空洞	枪弹冲击损伤,尖锐物冲击

1.4 复合材料无损检测特点与要求

复合材料无损检测的特点主要源于其材料、工艺及制造过程的显著不同，与传统的金属材料结构相比，复合材料结构是一种通过基体——增强物之间的物理结合和铺层设计来达到预期性能的集设计、材料、工艺于一体的新型结构。其最为显著的特点是材料和结构的重量——性能比（即比性能）好，材料和结构的可设计性强，材料利用率高，制造工序少，从材料制备工序到复合材料结构成形过程结束，往往仅需要两个热循环就能完成复合材料结构的制造。因此，一旦进入复合材料结构制造工序其输出结果就是结构件，而且复合材料结构越来越复杂，结构尺寸越来越大，整体结构越来越多，如飞机机翼、机身、壁板等。

任何缺陷的存在引起的结构质量不合格，都将可能会酿成巨大的损失。因此，通常要求对复合材料结构进行 100% 无损检测。显然，要解决复合材料的无损检测，不能简单沿用金属材料无损检测思维惯性和方法，而必须根据复合材料结构特点，研究和采用适合复合材料的无损检测技术和方法。

（1）复合材料结构多为非等厚度结构，声波（Acoustic）散射和衰减明显。例如，碳纤维复合材料厚度小至 0.3mm，大至 40mm 左右。复合材料无损检测技术的研究和方法选择上必须结合具体的应用对象加以考虑。特别值得指出的是，复合材料通常不允许存在表面检测盲区，对于碳纤维复合材料层压结构，单个铺层的厚度小至 0.125mm，而且通常复合材料结构在厚度方向不存在加工余量之说。这也是与金属材料制件在选择检测方法和检测技术上的一个迥然不同的差别。

（2）对于树脂基复合材料层压结构，必须充分考虑到其内部的微结构与所选择的无损检测方法在检测机理、缺陷信号成因上的有机联系。

（3）必须充分考虑实际复合材料结构的各种特点和技术要求，选择制定合理的无损检测方法、无损检测检测仪器设备，缺陷的判别必须跟实际复合材料结构的工艺细节相结合。

（4）复合材料结构和成形工艺众多，可能产生的无损检测信号（结果）指示"异常"的情况会明显不同，有些可能是缺陷，有些可能不是"缺陷"，这需要有针对性的研究和合理的案例与经验积累，才能给出正确的检测结果。

（5）不同的加工工序和使用阶段，可能引入的"异常"情况会不一样，从而会引诱产生的缺陷情况不同，因此，复合材料无损检测的一个非常重要的技术特点是，对检测结果的综合诊断与评估，仅针对检测仪器或者来自对比试块中检测信号的简单比对，在很多情况下难以得出合理或者正确的检测结论。

(6) 复合材料的缺陷表征与无损评估有自己鲜明的特点,与金属材料无损检测与缺陷评估相比,简单地用分贝(dB)衰减比对法、当量法等,在很多情况下,难以对复合材料中可能出现的"缺陷"进行合理和正确的评判。

因此,复合材料无损检测要求通常是基于材料、成形工艺、制造装配及结构与服役环境进行确定,出于飞机安全考虑,日前从设计和结构完整性与质量控制层面,均要求对复合材料结构进行100%无损检测。

1.5 复合材料无损检测必要性分析

复合材料的各项异性会在制造工艺中存在不稳定的现象,产生某些缺陷,尤其在使用过程中,会因为撞击、疲劳等一些化学因素的影响,极易对复合材料产生缺陷,因此,检测技术就显得尤为重要了,同时在检测的方法当中无损检测的发展研究更是具有非常重要的作用。

无损检测技术是一种不破坏零件或材料,可直接在现场进行检测的技术。目前,无损检测方法主要包括目视(Visual and Optical Testing,VT)、超声(Ultrasonic Testing,UT)、射线(Radiography Testing,RT)、电磁(Electromagnetic Testing,ET)、磁粉(Magnetic Particle Testin,MT)、渗透(Penetrant Testing,PT)、声振(Sonic Testing,ST)、声发射(Acoustic Emission Testing AE)、渗漏检测(Leak Testing,LT)等传统无损检测方法,还包括激光-超声(Laser Ultrasonic,LU)、电磁超声(Electromagnetic Ultrasonic,EU)、空气耦合超声(Air coupled Ultrasonic,AU)、超声-声发射(Acousto- ultrasonic,AU)、超声(Time of Flight Diffraction,TOFD)、相控阵超声(Ultrasonic Phased Array,UA)、激光干涉(Holography Inspection,HI)、红外(Infrared Testin)、微波(Microwave Testing)、太赫兹(THz)及声照相(Acoustography)等新方法。

无损检测方法的分类通常是基于其所依赖的检测原理、检测信号形成规律与缺陷判别方法等进行划分,每种无损检测方法都有其自身的特点和适用性。不过,就材料、结构、产品可能产生的缺陷的基本属性而言,可以将缺陷分为两大类:①表面缺陷/损伤;②内部缺陷/损伤。据此可以将无损检测方法分为两大类:①用于表面缺陷/损伤检测的无损检测方法,如目视检测、渗透检测、磁粉检测等;②用于内部缺/损伤陷检测的无损检测方法,如超声、射线检测等。当然,有些缺陷/损伤可能位于材料或零件表面和近表面,有些无损检测方法既可用于表面和近表面缺陷的检测,也可用于内部缺陷/损伤的检测。究竟选择哪种无损检测方法,与所检测的对象的材料特性、工艺结构以及检测要求等有关。例如,即使都是采用超声检测方法,但具体应用到不同属性和具有不同微结构特征、不同成形或制造工艺的复合材料检测,其缺陷表征方法、缺陷判别与识别方法会显著不同,对检测仪器设备及检测人员的知识经验、换能器要求也会差异巨大。因此,无损检测方法必须面向被检测对象的特征加以建立和确定。由于复合材料自身特性、成形工艺、结构特征、检测要求、可能存在或产生的缺陷特征与缺陷行为等与金属材料存在十分明显的不同,因此,仅靠简单地沿用金属材料无损检测的方法和检测理念,在很多时候,都是不合适的,甚至会得出错误的检测结果,或者造成漏检,诱发误导性的检测结论。

复合材料无损检测就是针对其材料及结构特征、成形工艺及其在材料研发、工艺研究、结构制造与产品服役过程可能产生的缺陷及其损伤行为,通过研究建立相应的无损检测方法和缺陷判别方法,采用合适的检测仪器设备,建立专门的检测标准与规程等,在不损伤复合材料未来使用性能的条件下,检验复合材料制备过程与制造工艺的符合性,给出产品质量评定或者接收建议。考虑到复合材料从材料的制备到结构制造过程的高度一体化和工艺过程暂不可逆的特点,还需对检出缺陷进行无损评估,以期提供有关缺陷的量化信息,例如,缺陷位置、大小、分布、深度、性质等,从而为复合材料的前期研究与缺陷表征提供基础数据,为复合材料的批产制备提供纠偏和改进信息输入,为工艺优化提供信息输入,为工装模具的欠配合可能引入的质量问题或者缺陷提供检验指导,为复合材料结构的质量与服役、结构完整性与安全性评估、结构修理等提供基础数据和评估数据输入。因此,复合材料无损检测与无损评估是密不可分的,仅对复合材料进行无损检测,简单地给出复合材料及其结构的接收性结论,在很多时候难以满足材料、工艺、设计及修理等方面对无损检测的技术要求。因为目前复合材料与金属材料非常明显的不同是:复合材料暂且没有很好地解决回收和再制造问题。一方面,缺陷的存在可能会影响复合材料结构未来的使用性能;另一方面,不合理地拒收一个复合材料零件,往往会造成十分显著的经济损失和后续对报废零件的处理等问题。

正是由于复合材料无损评估技术是在对检出结果进行验收/拒收的基础上,同时还要对检出结果,如缺陷对性能或使用寿命的影响程度进行评估,帮助确定材料及结构与产品的损伤或安全使用阈值或者损伤容限,为结构修理、产品维护及系统运行提供信息输入。因此,复合材料无损评估已受到越来越多的高度重视。

目前,复合材料无损检测与评估主要包括:①检测方法的研究建立;②检测信号的获取与处理;③检测信号的解读;④检测结果的评定;⑤检测结果的关联分析等几大部分。

(1)检测方法的研究建立。主要针对被检测的复合材料特点或成形工艺方法以及结构形式与服役环境、可达性等,研究基于物理或机械、电磁等原理的无损检测方法,进行复合材料内部缺陷行为研究,建立缺陷表征的数理方法与模型。检测方法的提出与建立往往是复合材料无损检测的最先需要去做的起步工作,它要求对材料、工艺、结构以及物理、电磁等众多学科有扎实的知识基础和沉淀性研究与持续技术积累。

(2) 检测信号的获取与处理。主要是将所研究建立的检测方法进行前期物化。因此,只有当能够有效地提取到复合材料内部的检测信号,并形成后序可进行缺陷判别的信号显示(如波形或者图像)时,才有可能用于实际复合材料及其结构的无损检测。特别值得指出的是,复合材料自身的特点,非常容易产生伪"缺陷"指示信号。因此,必须十分谨慎地使用检测信号处理方法,否则,容易导致漏检或误判。同时,由于复合材料的内部结构与工艺特殊性等原因,检测信号的获取在很多时候比金属材料要困难得多。

(3) 检测信号的解读。复合材料无损检测中的信号解读尤为重要,但通常容易被习惯于金属材料检测理念的思维方式所忽视或疑惑,因为复合材料属多相组分的物理复合或结合,通常组分之间不会发生金属材料那样的冶金结合行为,而更多的是通过界面连接实现材料的组分之间的结合,而且增强材料与基体又呈现十分强烈的各向异性,组分复合的均匀性也完全不同于金属材料的冶金组织特征。因此,对来自复合材料内部的检测信号,必须有着足够的解读能力,才能给出正确的检测结论。

(4) 检测结果的评定。复合材料检测结果的评定与金属材料也有很大的差别,通常不能简单地采用金属材料惯用的平底孔或者声衰减法对检出信号异常指示区进行简单的缺陷评定,缺陷的评定必须与被检测材料、工艺、结构等特点紧密联系在一起,才能给出正确或者有效的检测与评定结果,检测经验和检测验证数据积累的深度,往往也对复合材料检出"缺陷"的正确评定十分重要。

(5) 检测结果的关联分析。复合材料无损检测最高境界是将检测结果回馈到材料研究与制备、工艺优化和结构设计、结构修理与完整性评估以及结构寿命和安全性预测之中,而材料研究与制备、工艺优化和结构设计、结构修理与完整性评估的较高境界则是将无损检测结果融入其中,并由此得出复合材料材料或结构的评价依据、损伤容限阈值、验收评定阈值以及结构修理损伤阈值,进行复合材料结构完整性评估与结构寿命预测和飞机使用安全评估。特别是热固性复合材料目前暂且回收和再制造困难,任何不合理的报废或不适当的修理,都有可能造成不必要的损失。因此,复合材料无损检测除了检验材料、工艺和结构制造的符合性和质量外,还有一个更重要的任务就是将无损检测结果反馈到材料、工艺、结构设计与制造及修理等过程中,为专业人员进行复合材料的

12

技术优化和技术决策形成闭环技术数据链。

因此,复合材料的无损检测与评估已成为其技术链和产业链中重要组成部分,而且有着自身鲜明的技术特点和技术内涵。目前,复合材料无损检测技术已从初期的检测方法探索发展到目前的众多检测方法、信号处理技术、换能器技术、缺陷识别技术、成像显示技术、仪器设备技术、结构件检测技术、定量检测与评估、服役结构寿命评估、性能测试与强度评估、结构健康检测等众多研究方面。无损检测技术已经成为复合材料研究和应用中的一项关键技术,且融入复合材料研究到最终装机应用的全过程。目前,航空复合材料无损检测主要包括:①复合材料的无损检测与评估;②复合材料工艺的无损检测与评估;③复合材料结构的制造、外场维护以及修理中的无损检测等几个方面。

1.5.1 材料无损评估

本书所谓的"材料无损评估"(NDE of Materials)主要是指通过研究建立各种检测原理、方法和检测技术,在不伤及复合材料未来使用性能的情况下,进行复合材料内部缺陷表征、性能测试、微结构分析、材料可靠性与有效性评估等,检验材料的符合性,建立复合材料缺陷评估及无损检测等方面的基础判据和评估方法,支撑复合材料的研究和结构设计、工艺及结构制造与应用。复合材料无损评估对象主要包括纤维、树脂、预浸料(包括织物和单向带)、芯材(包括蜂窝和泡沫)等基础材料,以及由其构成的层压结构和夹芯结构等基本材料结构单元体。

复合材料无损评估与检测的对象主要是试样、试片、试件,采用的是精细定量无损检测技术,面对复合材料研究过程,重视无损检测物理数学模型的建立,重点是开展新的检测方法、材料微结构、缺陷与材料的失效、缺陷表征与评估等方面的数理规律的研究。

由于复合材料的先进性与其质量的离散性和现阶段的高成本并存,在实际应用中,即使是经过研究和试验制定的复合材料制备工艺,在结构件的制造过程中还可能会产生缺陷,引起质量问题,严重时还会导致整个结构件的报废,造成重大经济损失。因此,国外自20世纪70年代以来,就针对复合材料的研究、应用开展了全方位的无损检测技术研究。早期主要是沿用金属材料所采取的一些检测方法,进行复合材料的无损检测技术探索。随着研究工作的深入,人们对复合材料的内部规律和缺陷特征有了更深的认识,发现完全采用常规金属材料无损检测的方法不能解决复合材料的无损检测问题。因此,进入20世纪80年代后,才真正走向复合材料无损检测,研究出了许多适应复合材料特点的无损检测新技术、新方法,从而为解决复合材料的无损检测,促进复合材料的推广应用发挥了重要作用。

复合材料能够成为 20 世纪中叶以来在航空、航天等工业部门得到推广应用,与复合材料的无损检测与评估的技术快速发展和支撑作用分不开。反过来,复合材料的快速发展与应用也为无损检测技术的迅速发展带来了更多的研究空间和推动力。一些过去在金属材料无损检测中因技术障碍而面临困境的检测技术,在复合材料对无损检测技术的需求牵引下,得到了新的飞速发展。例如,针对初期基于金属材料及其结构在负载作用下产生应力波的物理现象的声发射检测技术、基于物理波相干原理的激光全息干涉检测技术、激光超声检测技术以及超声可视化检测技术等。这些几乎都是 20 世纪 70 年代问世,80 年代在应用中由于物理信号特征解释困难、环境条件要求苛刻或技术上有待进一步突破等原因,难以在工程上找到用武之地或者难以获得很好的工程应用,自20 世纪 90 年代以来这些检测技术则得到了迅速而有成效的发展与应用,这与复合材料技术的发展需求密切有关。

近年来,复合材料的评估技术发展非常快,许多新的无损检测方法不断涌现,如高分辨率超声显微检测技术,利用高分辨率超声显微检测技术可以实现复合材料微缺陷定量评估和微结构表征及复合材料局部弹性测量分析。目前,用于复合材料无损评估的方法主要有超声检测、射线检测、涡流检测等。

1. 超声检测

超声方法分为脉冲超声反射法和穿透法,按照所用的频率,用于复合材料无损评估的超声波可分为:

（1）1~15MHz 超声检测方法。①用于复合材料缺陷的评估,如复合材料中分为分层、疏松、孔隙率等缺陷的检测与评估;②用于复合材料弹性性能的测量分析,通过采用不同模式超声波,测量声波在复合材料中的声速,重构复合材料的弹性常数,进行复合材料弹性性能的测量分析;③用于复合材料铺层缺陷评估及铺层结构的分析。

（2）215~100MHz 超声检测方法。属于超声显微检测范围,主要用于:①复合材料微缺陷的量化表征与评估;②复合材料局部弹性性能测量分析;③复合材料微结构表征等。

（3）100MHz 以上的超声检测方法,属于甚高频超声显微检测方法,由于其分辨率更高,因而可以用于复合材料细微结构的表征分析,不过,随着频率的提高,超声波在复合材料中的衰减会急剧增加,从而会明显影响其检测的深度。目前,主要是用于复合材料表面及近表面缺陷和微结构的表征与评估。基于各种频段的超声成像技术发展非常迅速,利用这些超声成像技术,可以实现复合材料内部缺陷、微结构的可视化评估与分析。

14

2. 射线检测

基于射线原理的复合材料检测方法目前主要有 X 射线照相法、X 射线数字成像法（DR）、CT 检测方法、射线显微法等。当射线束穿过复合材料内部时，其能量的衰减及其变化规律与复合材料内部连续性和材料特性密切有关，利用不同射线能量和不同射线源检测技术，可以实现复合材料无损评估，获取复合材料内部微结构特征，进行复合材料预浸料厚度的在线测量和厚度控制等。利用 X 射线 μ-CT 检测技术，还可以实现复合材料表面及内部微结构的精细分析。对于复合材料中的某些明显的疏松、贫胶等利用 X 射线照检测方法，可以明显地检出。通常复合材料的射线检测需要采用低电压和大电流，一般射线源的工作电压在十几千伏到几十千伏之间进行选择。

3. 涡流检测

利用复合材料中纤维的导电性，通过涡流成像方法可以实现碳纤维复合材料的扫描成像，进行复合材料缺陷评估。由于涡流在复合材料中的穿透深度受到限制，因此，它主要是用于复合材料表面及近表面缺陷的评估。近年脉冲涡流技术发展也很快，采用专门的涡流检测技术，可以实现碳纤维复合材料层压结构的涡流 C-扫描成像。

1.5.2 工艺无损检测

本书中的工艺检测是指复合材料工艺的检测，主要是针对不同复合材料成形工艺及其可能产生的缺陷，通过无损检测方法，检验其工艺符合性和质量，进行复合材料工艺缺陷的评估，建立复合材料工艺缺陷判据和表征方法、检测方法等。由于不同复合材料、不同成形工艺，其可能产生的缺陷及其特征会不同，因此，复合材料工艺缺陷的检测与评估，需要密切结合具体的复合材料成形工艺，才能研究建立相应的无损检测与评估方法，而且复合材料工艺的无损检测还需要利用在复合材料研发阶段已经建立的缺陷评估基础判据和检测方法。从检测方法上，目前可以用于复合材料工艺缺陷无损检测与评估的方法主要包括：①超声；②超声—声发射；③激光—超声；④空气耦合超声；⑤超声显微；⑥射线；⑦涡流；⑧红外热波；⑨激光电子剪切；⑩太赫兹方法等。不同检测方法适用不同的复合材料检测对象，不同检测方法适用不同的缺陷检测，其中超声是复合材料工艺检测的一种最为有效的无损检测方法。超声—声发射、激光—超声、空气耦合超声以及超声显微实际上都属于超声检测方法，只是针对不同的复合材料工艺及其缺陷特征和检测要求，采用不同方式来产生超声波和接收超声波而已。例如，超声—声发射利用超声波作为应力波在复合材料内部激发声发射现象，实现复合材料工艺缺陷检测；激光—超声则是利用激光脉冲产生超声波,空气耦合超声则是利用空气作为耦合介质进行超声波发射和接收;超声显微则是利用频率较高的脉冲声波实现复合材料工艺结构及缺陷的细微检测。射线是一些复合材料夹芯工艺结构和非常复杂的工艺结构的缺陷检测方法。涡流方法目前在复合材料工艺缺陷检测中的应用不多,主要是因为多数复合材料都属于不良的导电体。红外热波和太赫兹等方法,目前主要还是处于方法研究阶段,未来对某些特殊复合材料工艺结构有一些潜在的应用可行性。超声是目前复合材料工艺缺陷最为主要的一种无损检测方法,传统超声检测方法是利用压电原理来发射和接收超声波,通过压电换能器的设计和波形变换,可以在复合材料中激发不同的超声波,如纵波、横波、兰姆波、导波等,可以根据被检测工艺结构的实际条件和工矿等,采用反射或者穿透方式,实现不同工艺及其工艺结构的超声检测。由于超声波在空气中的衰减异常剧烈,因此,通常需要在换能器和被检测复合材料工艺结构表面之间施加适当的耦合剂,实现声波入射和反射/穿透声波的接收,进而进行复合材料的超声检测。由于超声的传播特性及其变化与材料的连续性、各向异性等密切有关,而不同复合材料及其成形工艺的不同和内部变化等,将会引起入射声波传播行为中的一些特征参数发生变化,基于这些超声参数的变化,建立合理的判别方法,即可实现复合材料工艺缺陷的无损检测与缺陷量化评估。因此,对于复合材料中的绝大部分工艺缺陷,超声都是一种非常有效的检测方法。与金属材料的超声检测明显不同的是,复合材料的超声检测必须充分考虑到其工艺特点和材料特点,才能建立有效的复合材料超声检测方法和检测技术,包括检测仪器设备换能器的选择、检测参数的选择、检测信号的解读与缺陷的正确评定,特别是采用传统金属材料超声检测贯通的缺陷声衰减法、平底孔当量、表面检测盲区的概念等,在进行复合材料及其工艺缺陷检测与评估时,会非常不适用,甚至会得出错误的检测结果。因为复合材料强烈的各向异性和成形工艺的多样性与复杂性及界面结合的特点,同样会引起入射声波某些传播特性的变化。因此,即使是在国外一些从事复合材料无损检测的部门,都非常强调:"超声Ⅲ级—复合材料",即超声Ⅲ级(高级检测资格人员)不代表已经具有复合材料检测技术资格,只有当具有复合材料的超声Ⅲ级和/或者具有复合材料检测经验的超声Ⅲ级人员,才具有复合材料超声Ⅲ级检测技术资格,可见复合材料超声检测有其自身强烈的特异性和背景知识经验要求。因此,需要建立专门的复合材料工艺缺陷的超声检测技术,才能进行正确的工艺缺陷评估与检测。由于复合材料层压结构的特点,单个铺层的最小厚度约 0.125mm,要求所采用的超声检测技术必须具有很好的分辨率,表面检测盲区达到单个复合材料铺层厚度。因此,高分辨超声检测技术在复合材料及其工艺与结构无损检测中都是非常重要和受青睐的检测

16

技术,特别适合复合材料及其工艺缺陷的量化表征与评估。

利用高分辨率超声成像方法,可以非常有效地得到层压复合材料微结构特征及铺层信息,进行纤维缝隙、微气孔等材料与工艺缺陷的无损检测与量化评估。

值得指出的是,许多用于复合材料的缺陷检测方法和检测技术,同样可以用于复合材料工艺中第1层的高分辨率超声像缺陷的无损检测与缺陷量化评估,只是要结合具体的复合材料工艺及其特点和可能产生的缺陷特征,研究相应的检测技术和缺陷判别方法,编制检测规范,研制相应的检测手段等。

1.5.3 结构无损检测

复合材料结构无损检测主要是针对基于各种复合材料成形工艺方法制造的实际零件结构或者组合件,采用合理有效的无损检测方法和检测仪器设备,对复合材料结构在制造过程中可能产生的缺陷进行无损检测和评估,提升结构制造工艺的符合性和结构质量,帮助提高产品的合格率。从复合材料结构的复杂程度及其热成形制造工序可分为单工序结构的无损检测和多工序结构的无损检测。

1. 单工序结构的无损检测

单工序结构的无损检测主要是指通过一个制造工序过程即可完成的复合材料零件的无损检测,如一些复合材料层压结构、共固化结构等。主要是通过无损检测技术检验复合材料零件制造工艺的符合性和复合材料结构的质量。通常需要根据被检测复合材料结构类型、结构特点、检测要求等,选择适应的无损检测方法。值得指出的是,面向多工序结构的无损检测方法基本上都适用于单工序结构的无损检测,反之不一定成立。

2. 多工序结构的无损检测

多工序结构的无损检测是指复合材料结构制造工序过程中的无损检测,特别是有些复杂复合材料结构,可能要经过多次固化成形工序。因此,必须结合复合材料结构制造工序过程及其特点,在不影响后序成形工艺/工序的情况下,对每个复合材料结构实施无损检测,特别是大型复合材料结构,通过无损检测,检验每个制造工序过程中形成的中间结构的质量符合性,可以及时发现问题,采取技术补救措施,尽可能地降低产品风险和质量成本。随着复合材料结构,特别是一些复杂的结构功能一体化的复合材料结构不断推出,其制造工序过程中的无损检测更为复杂和重要,因为有些结构部分在完成后序全部制造工序后,可能会变得不可检测了。目前,最常见的复合材料结构及其工序间的无损检测方法有以下几种。

（1）目视检测。可以利用各种光学仪器手段对制造工序过程中不同结构部位进行无损检测，其中内窥镜是一种非常有效实用的表面缺陷目视检测方法，而且检测过程中不会对零件表面造成任何干扰或污染。目前，中航复合材料有限责任公司已经成功利用内窥镜进行了结构—功能一体化复合材料结构制造工序过程的蜂窝芯—蒙皮胶结界面的检测，并形成了相应的检测标准Q/ZHFO8210—2015等。

（2）超声检测。按实现检测的工序和阶段，复合材料结构制造阶段可分为原位超声检测和离位超声检测。所谓原位超声检测就是指中间工序结构不允许离开其成形模具，对其进行检测，不允许使用影响模具和后序成形工序的耦合介质或者检测方法、检测仪器设备。目前，最有效的检测方法就是采取超声检测方法，以手动超声检测为主。所谓离位检测，主要是针对那些可以离开制造模具或者制造工序现场的复合材料结构的无损检测，如复合材料蜂窝夹层结构中的蒙皮、功能—结构一体化复合材料结构中的蒙皮和部分功能结构件，通常可以在离位状态下对其实现无损检测。由于不受复合材料制造工序现场和环境的约束和限制，因而使其检测方法的多种选择和自动化检测成为可能。目前，用于复合材料结构离位检测的主要方法有超声 A-扫描检测方法和超声 C-扫描检测方法。为了解决越来越多大型复合材料结构的工序间的离位检测，目前高效超声自动化扫描检测技术已经得到了非常重要的工程应用，特别是大型复合材料蒙皮及壁板等结构的离位超声检测，采用高效超声自动扫描成像检测可以大大地提高检测效率和检测结果的稳定性。由于通常离位检测的结构主要是复合材料蒙皮、筋、肋、梁以及某些特殊的功能结构单元等中间工序结构以及二次胶结结构等，因此，超声无损检测法是目前复合材料结构制造工序过程的复合材料结构首选的无损检测方法。对于一些难以实现超声无损检测的中间工序复合材料结构，也可以考虑选择 X 射线检测方法。

（3）X 射线检测。主要用于复合材料蜂窝夹芯结构、结构—功能一体化结构制造工序过程中一些结构单元，且利用超声检测方法难以实现检测的复合材料结构的无损检测。目前，主要有 X 射线照相法和数字照相（DR）检测方法。X射线检测是检测夹芯结构和泡沫填充区缺陷的一种非常有效的检测方法，可以有效检出的芯层缺陷，包括蜂窝芯节点开裂、芯变形、泡沫区空洞、气孔等。

（4）超声-声发射（U-A）。是指利用超声波在复合材料中激发的声发射现象，实现复合材料结构的无损检测，在对一些大衰减复合材料结构或者大厚度复合材料结构或者工序间的复合材料结构的无损检测中非常有效。

1.5.4　加工与装配过程中的无损检测

复合材料结构加工与装配主要涉及切边、制孔、连接装配、表面喷漆等工艺过程,是其完成装机应用的最后制造工序。复合材料结构加工与装配过程的无损检测主要是通过选择可行有效的无损检测方法和手段、规范等检验复合材料结构加工与装配工艺的符合性和质量,主要是解决复合材料结构在连接和装配过程中可能产生的各种缺陷的无损检测,重点是实现复合材料加工与装配过程中,对复合材料结构实施了加工的区域和部位的无损检测。与复合材料结构无损检测显著不同的是,装配过程中的无损检测通常安排在复合材料结构热成形加工之后进行,因此,检测过程中:①防止检测过程中所用的一些耦合剂进入被检测零件内部;②防止检测过程对复合材料结构表面的划伤,特别是喷漆后的复合材料结构的无损检测。需要特别谨慎,防止造成复合材料零件表面划伤,对于一些表面喷有特殊功能涂层的复合材料结构,更是不允许使用一些可能伤及其表面涂层的接触扫查检测方式。

目前,用于复合材料加工与装配过程的无损检测方法主要是目视、超声和X射线。最主要的是超声检测方法,通常以超声反射法为主,对喷漆后的复合材料结构采用超声接触法检测时,需要采用防划伤接触扫描检测方法,防止伤及复合材料表面的防护涂层。为此,作者及其团队专门研究了一种防止划伤复合材料零件表面涂层的超声接触扫描检测方法和仪器与换能器(FJ-1系列),具有很好的实际应用效果。对于一些夹芯类结构和复杂结构,当超声检测难以满足预期的检测要求时,也可以采用X射线检测方法。

1.5.5 外场复合材料无损检测

复合材料结构装机后,随着飞机的服役,一方面,因其复杂的大气环境,例如,长期的光、热、湿以及盐雾与生物作用等会侵蚀复合材料结构;另一方面,在飞机服役与飞行过程中,可能还会受到雷击、飞石、鸟等撞击造成损伤。此外,因复合材料结构承载受力等原因,原有的不超标缺陷可能会扩展。因此,通常都需要根据飞机的维护要求和相关维护手册,对复合材料结构进行日常的外场无损检测,确保复合材料结构不会出现带着影响结构安全的损伤飞行。因此,外场复合材料结构的无损检测是指采用适合飞机外场检测环境条件下的检测方法、手段和检测规范标准等,对飞机复合材料结构进行机上原位无损检测,检验复合材料结构装机件适飞的符合性和结构件的安全性。其主要特点是:

(1)在飞机上,如战地条件下或者停机坪、机库等环境条件下,对飞机上的复合材料结构进行原位无损检测。

(2)要求检测速度尽量快,或者检测效率尽量高。

(3)所选的检测仪器设备必须适应外场环境条件下的无损检测。

外场复合材料结构比较容易遇到的缺陷或者损伤主要有：

（1）飞机飞行或者停放过程中遇到的各种外来物撞击、磕碰等引起的冲击损伤。

（2）雷击引起的损伤。

（3）雨天引起的吸湿积水。

（4）外场环境引起的复合材料及胶结界面老化造成的缺陷或者损伤。

（5）环境及微生物引起腐蚀侵蚀等破坏等。

其中，冲击损伤是外场复合材料结构在服役期间最容易产生的一种损伤形式和最具危害的损伤形式之一。一方面，由于复合材料吸能和微结构特点，有些冲击损伤可能在其表面可能仅有目视可见冲击损伤（Barely Visible Impact Damage，BVID），甚至没有目视可见的表面伤痕；另一方面，冲击损伤又对复合材料结构强度有明显影响，研究结果表明，一种没有明显目视可见的冲击损伤可以导致其静强度损失 60%~65%。当然，在服役环境条件下，由于分层引起的复合材料吸湿和水长期在其内部滞留，也可能会使复合材料结构性能降解。因此，复合材料外场无损检测越来越受到广泛关注和重视。目前，成熟的复合材料结构外场无损检测方法包括：①目视检测；②超声检测；③声振-声阻检测等。尽管像激光电子剪切成像、红外等已有了一些检测应用研发和部分检测应用，但尚需进一步开发和技术提升，才能适用外场环境条件下的复合材料结构飞机原位检测。X 射线只是在不得已的特殊情况才可能会被考虑的检测方法。

1.5.6　复合材料结构修理无损检测

复合材料结构装机服役后，按照飞机维护/维修手册，需要进行适时维护/维修。就复合材料服役结构而言，其中一个非常重要的科目就是复合材料结构修理无损检测。一方面，修理前，首先需要能够及时检查检测出复合材料结构中业已产生或者存在的损伤、缺陷等，为复合材料结构修理提供确切的损伤信息，并帮助确定复合材料结构修理区；另一方面，复合材料结构修理后，需要通过无损检测技术确定其修理质量，检验是否达到了预期的修理效果。因此，复合材料无损检测是指利用各种无损检测方法、手段，按照已经确定或者指定的检测与验收规范标准，检验复合材料修理的质量和修理工艺的符合性。没有强有力的无损检测支撑的复合材料结构修理，会显得非常盲从而漫无目标，甚至造成缺修和失修或者过修与漏修。不能对修理后的复合材料结构进行正确的无损检测和损伤修理评估，修理的效果、修理的质量，甚至结构安全性会显得缺乏保障。

因此，通常复合材料修理无损检测往往是需要先行，至少需要并行开展的一个重要技术方向。对于复合材料结构修理无损检测，实际上可以分为两个方面：

（1）外场日常飞机维护过程中的无损检测。主要是针对飞机在例行的飞行过程，在外场条件下，进行战地的快速无损检测，及时地发现飞机在使用过程中可能引起的复合材料结构损伤，并进行必要的外场维护或者维修，保证飞机的飞行安全。目前，比较常用的外场维护/维修中的检测方法是目视、超声和声阻/声振、红外、激光电子剪切方法对蜂窝结构也有一定的检测适用性。

（2）飞机在室内维修期间的无损检测。通常在飞机大修期间，复合材料结构可能会从机身上分解下来，根据维修大纲或者维修手册要求进行维修。为此，首先是需要通过对复合材料结构进行全面的无损检测，确定其是否受损或者是否存在超过规定大小的缺陷或者损伤，然后根据无损检测结果，决定是否对其进行修理。并对修理后的部位再次进行无损检测，确定修理的效果和质量是否达到预定的技术要求。

因此，无损检测是复合材料结构修理中一道十分重要的工序，离开了无损检测，修理无从谈起。目前，用于复合材料结构修理常用的无损检测方法主要有目视检测、超声、声阻/声振和 X 射线。此外，也有一些正在研究或者应用探索的其他检测方法，如红外、激光电子剪切、激光超声等。其中超声是目前用于复合材料结构修理过程中最常用且有效的无损检测方法，利用高分辨率超声检测方法和仪器设备，可以对复合材料结构中检出的损伤进行准确的定位、定深和定面积，从而可以直接指导复合材料结构的修理。同时，由于室内修理过程中，复合材料结构多数情况下已分解成部件状态，还可以利用超声自动扫描方法，对复合材料结构进行可视化成像检测，特别适合复合材料层压结构、蒙皮结构的无损检测。因此，复合材料结构修理可以选用与复合材料结构离位检测、原位检测相一致的检测方法和设备。X 射线是复合材料结构修理过程中另一种常见的无损检测方法，是蜂窝结构进水、芯层损伤修理的一种有效的无损检测方法。此外，声阻/声振是修理过程中复合材料以及其他各种胶结结构的一种快速廉价的无损检测方法，对胶结结构中的空隙脱黏有非常好的检出灵敏度。目视始终是复合材料结果修理过程中优先选择和进行的最为廉价方便的检测方法和工序。

第 2 章　飞机复合材料超声检测及新技术

超声波检测是目前应用最广泛的无损检测技术,其检测方法是利用超声波对被测物体进行照射,超声波在复合材料中传播时遇到结构相异介界面将会产生声束的反射、折射和散射等现象。从缺陷界面返回的回波包含了关于缺陷的诸多信息。如通过分析回波到达的时间可以导出缺陷的位置、从回波的幅度可以估计缺陷当量的大小等,这便是超声检测的基本工作原理。

超声检测是通过对超声波传播过程中声场参量的改变进行获取分析,进而达到对被检物体内部结构特征评估的目的。用于描述超声声场的两个物理量分别为声场的声压与声强。另外,声阻抗则是对声波在界面的作用趋势的重要参数。介质的声学性质能够通过声阻抗的大小来反映,影响超声波在异界面间传播过程中的能量分配。

2.1　超声检测原理

2.1.1　惠更斯原理

介质中传播波动的各点均可视为发射子波的波源,任意时刻产生的新的波阵面都由这些子波的包迹决定。因此,惠更斯原理(Huyghens Fresnel)确定了超声波的传播方向和波前的几何形状。

利用惠更斯原理同样可以求出波在不均匀的或各向异性的介质中传播的波阵面,但此时形状和传播方向都可能发生变化。

2.1.2　波的对立性原理

同时在一个介质中传播的数列波束相遇时,在相遇处引起质点的振动是各列波所引起的振动的矢量合成。而各列波相遇后仍保持其原有的特性不变,不受其他波相遇的影响。

2.1.3　反射、透射、散射和衍射

超声波在传播过程中如果遇到障碍物,就可能产生反射、透射、散射和衍射

等若干现象,这些现象的产生与障碍物大小有关。因此可以根据物体声学性质来判断是否为障碍物,声学性质与传播介质的声学性质不同的物体就是障碍物。

而在超声检测中,障碍物可能是缺陷,也可以是试件结构,识别依据是超声回波的波长。

2.1.4 超声波的衰减

超声波在介质传播过程中,传播距离增大而超声能量逐渐减小的现象称为声衰减。造成超声波衰减的原因主要有扩散衰减、散射衰减和吸收衰减。

1. 扩散衰减

扩散衰减是由声束扩展导致能量密度减小而引起的声衰减。有些声束在传播过程中会扩展增大。单位面积上的声能流不断随着传播距离的增大而减弱。

2. 散射衰减

散射衰减是因材料结构不均匀导致超声波的散射而引起的声衰减。实际材料往往含有外来杂质、多相结构、颗粒的任意取向、内部缺陷等,因此其不可能是绝对均匀的介质,材料内部的声特性阻抗不均匀导致介质中的超声波散射。

3. 吸收衰减

吸收衰减是由于介质的黏滞性导致质点间的内摩擦,使得部分声能转换为热能而引起的声衰减。吸收衰减有着复杂的机制,其主要与介质性质有关。

2.2 超声检测设备

超声检测用设备和器材包括超声检测仪、探头、试块、耦合剂和机械扫查装置等。仪器对超声检测系统的能力起着关键性的作用,是产生超声波并对经材料中传播后的超声波信号进行接收、处理、显示的部分。

2.2.1 超声换能器

超声换能器俗称超声波探头,超声波探头是用来产生与接收超声波的器件,是组成超声检测系统的最重要的组件之一。超声波探头的性能直接影响到发射的超声波的特性,影响到超声波的检测能力。

能够在材料中产生超声波的方式有多种,其原理均涉及将某种其他形式的能量转换为超音频的振动能量。在超声检测中最常用的、与前面所介绍的超声

23

检测仪相配合使用的超声探头,是利用材料的压电效应实现电声能量转换的压电换能器探头。这类探头中的关键部件是压电换能器,又称为压电晶片,是一个具有压电特性的单晶或多晶体薄片或薄膜。它的作用是将电能转换为声能,并将声能转换为电能。

2.2.2 耦合剂

为了改善探头与试件间声能的传递而加在探头和检测面之间的液体薄层称为耦合剂。在液浸法检测中,通过液体实现耦合,此时液体也是耦合剂。

常用耦合剂有水、甘油、全损耗系统用油、变压器油、化学浆糊等。常用耦合剂的声阻抗如表2-1所列。

水的优点是来源方便,缺点是容易流失,容易使试件生锈,有时不易润湿试件。液浸检测中最常使用水作耦合剂,使用时可加入润湿剂和防腐剂等。

甘油的优点是声阻抗大,耦合效果好;缺点是要用水稀释,容易使试件形成腐蚀坑,价格较贵。

全损耗系统用油(俗称机油)和变压器油的附着力、黏度、润湿性都较适当,也无腐蚀性,价格又不贵,因此是最常用的耦合剂。

化学浆糊的耦合效果比较好,也是一种常用的耦合剂。

表 2-1 常用耦合剂的声阻抗 （单位:$10^6 kg/m^2 s$）

耦 合 剂	水	甘 油	全损耗系统用油	水 玻 璃	水 银
声阻抗	1.50	2.43	1.28	2.17	20.00

2.2.3 超声检测仪

1. 仪器的作用

超声检测仪是超声检测的主体设备,它的作用是产生电振荡并加于换能器(探头)上,激励探头发射超声波,同时将探头送回的电信号进行放大,通过一定方式显示出来,从而得到被检工件内部有无缺陷及缺陷位置和大小等信息。

2. 仪器的分类

超声检测技术在现代工业中的应用日益广泛,由于探测对象、探测目的、探测场合、探测速度等方面的要求不同,因而有各种不同设计的超声检测仪,常见的有以下几种。

(1) A型显示检测仪。A型显示是一种波形显示,检测仪荧光屏的横坐标代表声波的传播时间(或距离),纵坐标代表反射波的幅度。由反射波的位置可以确定缺陷位置,由反射波的幅度可以估算缺陷大小。

（2）B 型显示检测仪。B 型显示是一种图像显示,检测仪荧光屏的横坐标是靠机械扫描来代表探头的扫查轨迹,纵坐标是靠电子扫描来代表声波的传播时间(或距离),因而可直观地显示出被探工件任一纵截面上缺陷的分布及缺陷的深度。

（3）C 型显示检测仪。C 型显示也是一种图像显示,检测仪荧光屏的横坐标和纵坐标都是靠机械扫描来代表探头在工件表面的位置。探头接收信号幅度以光点辉度表示,因而,当探头在工件表面移动时,荧光屏上便显示出工件内部缺陷的平面图像,但不能显示缺陷的深度。

2.3　缺陷与非缺陷回波分析

超声检测除了确定工件中缺陷的位置和大小外,还应尽可能判定缺陷的性质。不同性质的缺陷危害程度不同,例如,裂纹就比气孔、夹渣危害大得多。因此,缺陷定性十分重要。

缺陷定性是一个很复杂的问题,目前的 A 型超声波检测仪只能提供缺陷回波的时间和幅度两方面的信息。检测人员根据这两方面的信息来判定缺陷的性质是有困难的。实际检测中常常是根据经验结合工件的加工工艺、缺陷特征、缺陷波形和底波情况来分析估计缺陷的性质。

1. 根据加工工艺分析缺陷性质

工件内所形成的各种缺陷与加工工艺密切相关。例如,焊接过程中可能产生气孔、夹渣、未熔合、未焊透和裂纹等缺陷。铸造过程中可能产生气孔、缩孔、疏松和裂纹等缺陷。锻造过程中可能产生夹层、折叠、白点和裂纹等缺陷。在检测前应查阅有关工件的图纸和资料,了解工件的材料、结构特点、几何尺寸和加工工艺。这对于正确判定估计缺陷的性质是十分有益的。

2. 根据缺陷特征分析缺陷性质

复合材料由基体和增强体两部分组成,按基体种类不同可将其分为三大类:树脂基复合材料、金属基复合材料和陶瓷基复合材料,其都有各自的特点和应用场合。与传统结构材料相比,复合材料的结构、制造过程和工艺有很大不同,通常是先按照对材料的性能要求进行材料设计,其中包括选择增强材料的种类、形状和尺寸,选择基体材料,设计加工工艺和制造过程等,然后进行制造加工。在制造过程中,需要进行质量控制和质量检测。在用复合材料制成构件后,还要对其进行质量检测。对于在役的结构件也需要进行阶段性的检测和评价,因此对于复合材料,从材料的制造到结构件的使用过程中,无损检测和评价是尤为重要的步骤。

蜂窝复合材料在生产制造、服役过程中,受制造工艺、生产设备、车间环境、人为因素、服役环境等条件的影响,产生损伤和缺陷,形成的原因主要是:①制造过程;②胶接过程,例如:被胶接的复合材料表面制备不良或污染,被胶接表面形状不正确或夹层材料放置不当,胶接剂过厚、过薄或固化方法不正确及胶接界面侵入潮气等都会引起复合材料的缺陷;③使用过程,如蠕变、碰撞、过热等原因引起纤维断裂、基体或界面分裂,静载荷、机械损伤、疲劳、油类接触、潮气侵入、腐蚀、热胀冷缩等原因会引起裂纹扩展、腐蚀性剥离和纤维基体界面强度下降。由上述可见,复合材料缺陷类型繁多,产生原因复杂。

(1) 冲击损伤。由于外界冲击产生,一般分为高速冲击损伤和低速冲击损伤。子弹、非包容性发动机转子碎片、鸟撞等外来物称为高速冲击,又称高能量冲击。这类冲击通常产生穿透损伤,同时伴有一定范围的芯材破坏。生产和维护工具的掉落等称为低速冲击,又称为低能量冲击。低速冲击引起表面压痕等损伤,可能在材料内部形成局部的裂纹、脱黏,造成潜在的初始缺陷,降低压缩强度。

冲击损伤的威胁在于当内部产生大范围基体开裂时,外表面往往目视不可见,无法观察到任何迹象,其内部可能存在大面积的损伤,压缩承载能力已大幅度下降,压缩强度降至只有无损状态的40%。冲击损伤容易造成水分侵入到胶缝,降低剪切和剥离强度,从而导致大范围脱胶;若水分进入蜂窝芯,会引起结冰产生水蒸气压力或水体积膨胀,引起金属芯子腐蚀或芯子与蒙皮脱黏等问题。根据检测频率、尺寸大小、易检程度,冲击损伤分为三类:目视勉强可见冲击损伤(BVID)、目视可见冲击损伤(VID)、目视易见冲击损伤(EVID)。表2-2概述了影响复合材料结构与金属结构疲劳和损伤容限的因素比较。

表2-2 影响复合材料结构与金属结构疲劳和损伤容限的因素比较

内　容		金　属	复　合　材　料
主要损伤原因		疲劳、腐蚀、应力腐蚀	外来物冲击、制造损伤
关键损伤类型		裂纹	冲击损伤、分层
危险载荷形式		拉伸	压缩
应力—应变行为		有屈服阶段	大多直至破坏呈线性
缺口敏感性	静强度	不敏感	相当敏感
	疲劳	非常敏感	不敏感
破坏前损伤的可检性		通常目视可见	可能目视不可见
损伤扩展		沿主裂纹扩展,并有规律可循	多种损伤形式扩展,尚无规律可循
静强度和疲劳分散性		小	大

（2）脱黏。脱黏是复合材料失效的四种基本模式（基体开裂、纤维断裂、脱黏、分层）之一，分为芯材脱黏和芯间脱黏。芯材脱黏指夹层结构复合材料的表面材料和芯材分离的情况。芯材脱黏将极大影响材料的层间剪切强度、轴向和横向弯曲强度、模量等。芯间脱黏指夹层结构复合材料的芯材之间分离的情况。

黏接作为蜂窝复合材料生产的一道工序，具有连接应力分散、对黏接体本身要求低、适用面广等诸多优点，是一道非常重要的关键工艺。产生脱黏缺陷的原因很多，黏附性差、服役中载荷过重、受到冲击损伤、振动疲劳等原因都可能引起脱黏。在准备黏接时，仔细和保持清洁是最重要的。在结构的服役期间，受载荷、振动、湿热酸碱等环境因素的综合作用可能导致脱黏产生和发展，并发展出断裂等新的损伤。当脱黏到一定程度时，会造成材料性能的急剧下降，大大降低其使用寿命，影响材料的可靠性，造成严重的事故。黏接结构复合材料的完整性依赖于黏接的完整性。任何脱黏缺陷都会削弱复合材料的荷载能力和抵抗环境侵蚀的能力，并最后导致复合材料层间的局部分离甚至失效。

（3）吻接。又称紧贴型缺陷，指两个表面只得到部分黏接或者已经脱黏但是在宏观上形成了紧密接触。此处，将弱胶接（被黏物间胶接强度低于规定值的缺陷）也归为吻接缺陷。

在复合材料部件中，吻接可能发生在任何有黏接的地方，包括与芯材的黏接部位、与端部配件的黏接部位、与各种经过修补的黏接部位。由于生产工艺不成熟和操作人员的不规范操作，吻接主要发生在生产制造过程中。前面提到，黏接结构复合材料的完整性依赖于黏接的完整性。复合材料的吻接缺陷会严重降低结构的可靠性，是复合材料最危险的缺陷之一。

（4）芯材拼接缺陷。在制造大型夹层结构的船舶壳体的时候，其芯材需要用拼接方式以形成大的整体结构。拼接通常采用黏接方式，称为芯材拼接。拼接的复合材料夹芯往往会由于工艺原因而产生某些缺陷，如脱黏。

对接接头的不连续性发生在层与层之间，层端头的不连续性不可避免，将成为一个潜在的薄弱点。如果连接点脱黏或者分离，将使连接点的临近地区的局部应力显著增大，导致过早失效。芯材或蒙皮的脱黏或开裂会导致失效，芯材拼接缺陷会显著影响夹层结构的承载能力，导致过早失效。

（5）芯材破碎。夹芯结构在服役期间，因受过大的弯曲、压缩或冲击等导致芯材破坏，并伴随着界面剥离，这种现象称为芯材破坏。这种损伤从表面看可能不明显，但内部可能发生其他缺陷，如蒙皮芯材脱黏、芯材接头开裂等。夹芯结构的完整性依赖于蒙皮与芯材之间良好的黏合和芯材结构的完整性。芯材破碎影响材料的结构和层间剪切强度，导致夹层结构无法实现相应的功能。

另外，疏松、芯材积水等也是蜂窝材料常见的缺陷。

2.4 超声检测应用

对于复合材料来说,超声检测主要应用于对服役构件的在役检测,以及对复合材料的性能无损表征,本书主要从这两个方面对其进行综述。零件内的缺陷超声检测方法同样地适用于复合材料中缺陷评价。

如针对碳纤维层压板结构使用脉冲回波法进行检测,使用的检测仪器为MUT-1B 超声检测仪(图 2-1),使用的探头为检测频率 7MHz 的单晶直探头(图 2-2)。

图 2-1 MUT-1B 超声检测仪

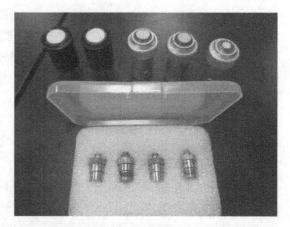

图 2-2 7MHz 的单晶直探头

设置超声在碳纤维层压结构中的纵波声速为 2488m/s,调节增益参数为2.3dB。由于被检层压板厚度为 5mm,因此检测声程设置为 10mm。具体设置参数如图 2-3 所示。

图 2-3 实验参数

检测过程:在对检测参数进行调整设置之后,开始进行对被检试件的扫查。首先对试件表面与探头处涂抹适量耦合剂(航空润滑脂),后根据被测试块缺陷分布情况,从试块完好区域到缺陷区域由浅至深的顺序进行扫查,并同时针对真实模拟试块的特殊结构区域(工字加强结构)进行扫查,观察并记录检测波形。

实验图像结果如图 2-4~图 2-7 所示。

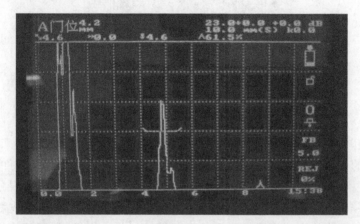

图 2-4　层压板完好结构检测波形图像

尺寸(Φ20mm):

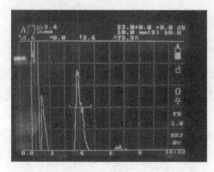

图 2-5　孔深 1mm

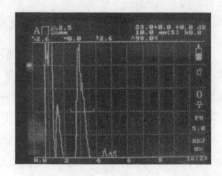

图 2-6　孔深 2mm

在扫查过程中,当扫查到缺陷区域时,能够发现底波位置明显前移(原底波消失,出现位置靠前的新底波),出现在原底波与始波之间,由于检测波形为超声纵波,因此波形参数表示缺陷深度位置,底波位置不同说明缺陷深度不同。

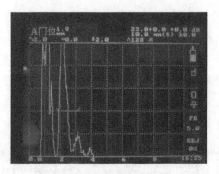

图 2-7　孔深 3mm

2.5　飞机复合材料超声相控阵检测

相控阵超声检测是超声检测中比较先进的一种检测手段,近年来,以其偏转、聚焦的优势而广泛地应用在常规超声检测不能够完成的复杂构件中,而且针对超声相控阵检测还设计了专用的仿真检测软件。矩阵科技有限公司利用相控阵超声检测方法实现了航空件中的 T 形复合材料以及飞机蒙皮黏接层的检测,利用相控超声探伤仪对它们的内部缺陷成像。另外,利用该技术对复合材料样板的无缺陷区域、有缺陷区域以及修复区域进行成像,通过对比能够清晰地看出缺陷的分布,证实了超声相控检测在复合材料中具有良好的应用。

2.5.1　超声波相控阵检测技术的基本原理

超声波相控阵检测技术是一种新型的特殊超声波检测技术,类似相控阵雷达、声纳和其他波动物理学应用的原理,但是超声波具有波长较短、模式变化,以及更多复杂成分的特性。应用于材料无损评价(NDE)领域的工业超声波相控阵检测技术源于 20 世纪 70 年代医用的超声波相控阵诊断技术(B 超)。

超声波相控阵检测技术依据惠更斯原理:前面波动场的任何一个波阵面等同于一个次级波源;次级波动场可以通过该波阵面上各点产生的球面子波叠加干涉计算得到。

超声波相控阵检测技术的关键是采用了全新的发生与接收超声波的方法,它利用精密复杂的多晶片阵列探头和功能强大的软件来控制高频声束,使其通过被检测材料,并显示保真的(或几何校正的)回波图像,所生成材料内部结构的图像类似于医用超声波图像。工业超声波相控阵检测技术不仅是探查缺陷,而且在检测诸如压力容器和管路的腐蚀和绘制腐蚀图等方面也有其独特的功效。

常规的超声波检测技术通常采用一个压电晶片来产生超声波，一个压电晶片只能产生一个固定的声束，其波束的传递是预先设计选定的，并且不能变更。

超声波相控阵检测技术是采用许多个很小的压电晶片（例如，36、64 甚至多达 128 个晶片组装在一个探头壳体内）来产生和接收超声波束，通过电子方法控制压电晶片阵列各激发脉冲的相位，使其在检测对象中产生的超声场相互干涉叠加，从而得到预先希望的波束入射角度和焦点位置，即可控制的超声波辐射波场形状，所构成组件辐射的总能量形成超声波束。因此，超声波相控阵检测技术实质上是利用相位可控的换能器阵列来实现的。

通过软件控制，在不同的时间内相继激发一个阵列式探头的各个单元，可以将超声波的波前聚焦并控制到一个特定的方向。另外，从电子技术上为一个阵列确定相位顺序和相继激发的速度可以使固定在一个位置上的探头发出的超声波束在被检工件中动态地"扫描"或"扫调"通过一个选定的波束角范围或者一个检测的区域，而不需要对探头进行人工操作。

在超声波相控阵检测应用中，相互独立的压电晶片被包裹在一个标准探头盒内。其引线卷缆通常由良好屏蔽的微细同轴电缆捆扎组成，通过商品化的多通道连接器与仪器连接。相控阵超声波检测系统通常由数据采集单元、脉冲发生单元、电机驱动单元、相控阵探头、工业计算机、显示器等组成。系统在 Windows 平台上运行专用的操作软件，完成对被检工件的扫查、实时显示和结果评判。

相控阵超声波检测系统的参数除了普通超声波系统的通常参数以外，相控阵性能的参数包括脉冲发射器数量（例如，8、16、64 或 128 个脉冲发射器配置选项）、脉冲发射器延迟（例如，以 2ns 增量从 0~25ms 可调）、脉冲接收器数量（例如，8、16、32 或更多个接收器配置选项）、脉冲接收器延迟（以 2ns 增量从 0~25ms 可调）。脉冲发射器的数量决定着系统携带探头晶片总数的上限，脉冲接收器的数量则决定系统在一个聚焦规则（即时间延迟与晶片位置的关系）中可以调用工作的晶片总数上限，例如：FOCUS 32:128 是指系统总共可以支持 128 个晶片，一个聚焦规则中最大可以调用 32 晶片形成所需要的声场。

相控阵超声波检测系统的探头特性参数包括频率、波长、阵列的晶片总数、声场控制方向的总孔径、晶片长度，非控制方向孔径、每个晶片的宽度、两个有效晶片之间的间距以及晶片分割间隙。探头上的斜楔或靴块的参数包括声速、角度、第一晶片高度、第一晶片偏移量等。

超声波相控阵探头的每个压电晶片都可以独立接受信号控制（脉冲和时间变化），因此，可以以不同角度产生超声波束，并可实现同一个探头在不同深度聚焦(电子动态聚焦)。相控阵探头的关键特性包括电子焦距长度调整、电子线性扫描和电子波束控制/偏角。

图 2-8 示出了超声波相控阵换能器实现电子聚焦和波束偏转的原理示意图,实质上就是由于激发顺序不同,各个晶片激发的波有先后,这些波的叠加形成新的波前。

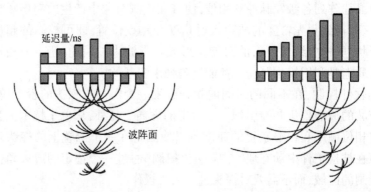

图 2-8　超声波相控阵换能器实现电子聚焦和波束偏转的原理示意图

换能器的晶片不同组合构成不同的相控阵列,目前主要有 3 种阵列类型:线形(线阵列)、面形(二维矩阵列)和环形(圆形阵列)。

目前,超声波相控阵探头可达到的一般特性:工作频率:1~7.5MHz(最高可达到10MHz);压电材料:多为复合压电材料,也有采用有机高分子压电材料,晶体尺寸可达到 0.6mm×0.6mm 或更小;压电单元数目:16~256 个单元(根据用途而定,目前常见的为 16、32、64 和 128 个单元);压电单元间隔:最小可达到0.1mm;带宽(-6dB):典型的为 60%~80%;单元灵敏度偏差:可达到±2dB;探头线采用分离的连接器或密封封装的探头线。

阵列传感器俗称阵列探头,是超声相控阵系统中的关键部件。为了实现动态聚焦、动态孔径、动态变迹、波束形成等相控效果,需要精心设计制造高性能的阵列传感器,常见阵列探头如图 2-9 所示。

(1)双晶探头　　　　(2)环形探头　　　　(3)环形阵列探头

图 2-9　典型相控阵阵列探头

超声相控阵波束控制：

相控阵列除了能有效地控制超声波束的形状和方向外，还实现和完善了复杂的动态聚焦和实时扫描。

根据检测需要和选用的阵列结构，利用同组压电元件，但是由编程改变时间延迟来控制波束通过一系列角度来实现扫查。超声波相控阵所形成的波束能够在一个较宽范围内以选定适当的多个波束角度（检验角度）进行扫描，并绘出构件图形以达到最佳的探测概率，使超声波取向最佳化的垂直于预期的缺陷，例如焊缝中的未熔合或裂纹。波束角度的控制能力与阵列中单个晶片的宽度有关，此外通过不同的斜楔可以改变角度控制的范围。

S 扫描（扇形扫描，图 2-10）对于仅有很小扫查位置的情况也是适用的，因此比常规探头检验更能适应扫查接触面积受限的区域。

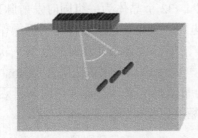

图 2-10　扇扫成像

电子扫查（图 2-11）又称为 E 扫描、线性扫描，它是通过多路技术以相同的聚焦规则沿阵列来实现的，目前的线阵列可达到 128 个压电元件。在实际应用中，线阵列相控阵探头不动而压电晶片激发的超声波沿着探头的长度方向平移扫描。

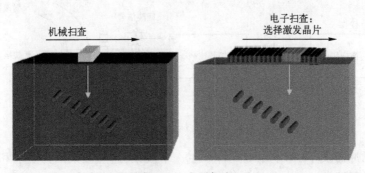

图 2-11　电子扫查

通过相对较简单的编程，E 扫描就能够实现用一个紧凑的焦点来快速覆盖检测区域。如果阵列是平面并且线形的，则扫查图形是简单的 B 扫描。如果阵列是曲面的,则扫查图形也将是曲面的。例如,实现腐蚀绘图,或者利用45°和60°横波检查焊缝等。

电子聚焦是将声能量会聚为一个小区域的能力,并且聚焦仅能够发生在近场范围内。超声波相控阵实现的电子聚焦又称为电子动态聚焦,通过电子焦距长度调整,可以使同一个探头在声束轴线上的不同深度实现波束聚焦,使得波束形状与尺寸在预期的缺陷位置达到最佳化,获得最大覆盖区域和最高分辨率,以及最佳的探测概率,得到最佳信号和高质量的图像。超声波束的聚焦能明显地改善信噪比,而且可以允许在较低的脉冲电压下工作。

超声波相控阵还可以结合线性扫描、扇形扫描和精确聚焦而实现组合扫描。

下面介绍超声波相控阵检测的发射与接收。

如图2-12所示,压电元件通常以4~32个晶体为一组同时发射脉冲,相控阵探头上可以承受高达200V的发射电压。采集与分析软件可根据操作者输入(或预先内置)的检验角度、焦距、扫查图形等设置来计算时间延迟。软件根据单独的"聚焦法则"(目前已能达到计算多达2000条聚焦法则,仿真整个超声波发射的情况),依据焦点和扫查组合的时间跨度来计算返回的时间延迟。相控阵仪器的时间延迟电路应能接近2ns精度以提供所需要的相位精度。

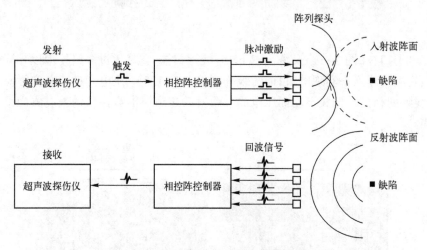

图 2-12　相控阵探头的发射与接收

在脉冲激发下,每个压电元件产生一个波束,这些波束因为叠加和相消干涉形成入射波的波前。相控阵仪器对各单独通道发射脉冲是具有时间延迟的,从而能按规定形成一个预先计算的波前。对于接收,仪器则有效地完成逆转。例如,仪器接收的信号具有预先计算的时间延迟,综合时间变化的信号,然后显示出来。综合得到并显示的波形与具有同样角度、频率、聚焦孔径等探头信号通道的常规超声波探伤仪显示的波形同样有效。

超声波相控阵检测系统中,除了相控阵探头以外,非常重要的关键就是软件。超声波相控阵之所以能够提供相当可观的应用适应性,这主要取决于所应用软件的多功能性。应用软件要能够强有力地管理超声检测信号的采集,除了处理计算聚焦规则以外,还要求软件具有强大的编码能力和全数据储存、显示结果(如实时扇形、线形扫描以及三维显示),具备良好的数据处理能力等。

超声波相控阵检测系统可以是手动、半自动,或者全自动工作,这取决于应用对象、检测效率以及费用预算等要求。与数字式超声波探伤仪的使用程序相同的道理,仪器中的应用软件初次设置准备时是需要耗费一定时间的,但是一旦设置完成并以文件保存后就可以在以后的应用中提取调用,而且易于快速修改,从而能够大大节约用户的时间和精力。

从实际应用的观点来看,超声波相控阵仅仅是一种发生和接收超声波的方法。无论是压电、电磁、激光或者相控阵方法,一旦超声波进入材料中,它就与发生方法无关,而是遵循超声波在材料中的传播规律。因此,超声波检测技术本身的许多规律是不变的。例如,对于常规超声波检测应用的频率、聚焦的焦点尺寸、聚焦长度、入射角、回波幅度与定位等,超声波相控阵也是同样应用的。

超声波相控阵检测和常规超声波检测一样,也需要通过扫查来采集数据,只是其激发电脉冲和超声波的接收则对于扫查图形的变化能比常规超声波检测提供更多的重要信息。

相对于常规的单探头超声波检测方法,超声波相控阵检测方法的特点在于:

(1)简化手工操作。同时使用检测同一点,减小探头移动所需的扫描面接触区(最佳接触面);可调聚焦距离和焦点位置,减少特定角度或聚焦探头多次检测的需要;减少转换探头,可减少以往检测所需时间,提高检测速度和效率;增加检测区域的覆盖率。

(2)多种扫描方式。相控阵探头中的压电晶片按选定的序列交替激发,使得电子扫描(E扫描)能够实现高精度、快速的断面扫描(扇形S扫描)以及A扫描、滚动B扫描和L(线性)扫描,甚至能实现C扫描,能够使超声波束非常快速地覆盖构件,要比常规的单探头机械系统快得多,从而在相同时间单能提供更好的覆盖。

(3)检测效率高。由于相控阵探头在一个位置上就能够一次检测所有指定的被检查部分,探头可实现多角度扫查,一个探头便可代替多个以往不同角度和不同焦点探头,从而大大缩短了检测时间,相对节约了成本,由于减少了扫查时间,也减轻了检测人员的劳动强度,并且提高了检验精度和可靠性。

（4）适应性强。超声波相控阵的检测设置可在几分钟内改变（软件设定），因此能够适应很多构件的尺寸与几何形状变化，能够适合于形状复杂构件检验，而且分辨率和灵敏度比传统的超声波检测方法高。超声波相控阵检测适用于能源、石化、航空与航天、船舶、铁轨、汽车等工业，如核电站和能源工厂重要零部件的检验，如涡轮盘、涡轮叶片根部、核反应堆的管路、容器和转子、法兰盘等，管道检验，腐蚀检测和绘制腐蚀图，大型曲面板材、铝合金焊缝、搭接连接、环形件和喷嘴、各种制件的结构完整评价。

超声波相控阵检测技术的局限性：

（1）超声波相控阵检测对象、检测范围以及检测能力除了受其应用软件的限制外，还受相控阵阵列的频率、压电元件的尺寸和间距以及加工精度的限制。

（2）在检测过程中，与常规超声波检测一样受到诸如工件表面粗糙度、耦合质量、被检材料冶金状态、探测面选择等工艺因素的影响，仍然需要有对比试块来校准。

（3）仪器的调节过程较复杂，调节准确性对检测结果影响大。

2.5.2 超声波相控阵检测技术的应用实例

1. 超声相控阵检测过程

实验仪器：OmniScan MX 便携式超声相控阵检测仪，该检测仪器具有先进的超声相控阵检测单元，支持全功能 A 扫描、B 扫描、C 扫描和扇形扫描显示，具有采集效率高、模块化易操作、方便数据储存与成像的优点。本次相控阵检测实验使用探头为检测频率 7MHz 的 R/D 相控阵硬面直接接触式直探头。

实验步骤：首先选择检测所需要的探头型号参数，当探头连接至检测仪器后，可以对探头进行预定义和手动选择，对探头的类别、型号与规格进行设置，选择探头频率，定义探头晶片数量和晶片间距。本实验探头为系统自动配适，无须进行预先定义。

之后对被检材料进行定义，选择被检材料的几何尺寸，其类型选择为平板，并定义厚度为 5mm，材料种类设置为碳纤维。

选择手动相控阵检测方式，并选用 A 扫描与 S 扫面方式以汇总图进行显示。调整探头匹配频率参数，设置相控阵声束在被测试件的声速，碳纤维材料密度为 $1670kg/m^3$，纵波声速设为 3000m/s，检测增益设为 7.5dB，由于被检层压板厚度为 5mm，因此探头发射声束聚焦深度设置为 5mm，扫查最大角度 20°，最小角度-20°，检测声程设置为 9.60mm。将探头处涂抹适量超声耦合剂（航空润滑脂），然后使用检测探头对被检试件表面进行扫查。超声相控阵实际检测如图 2-13 所示。

图 2-13　超声相控阵实际检测图

2. 相控阵超声检测图像

相控直探头检测图像,如图 2-14~图 2-18 所示。

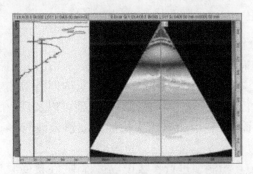

图 2-14　全频段空气接收显示图像

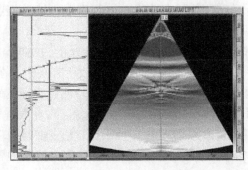

图 2-15　正常区域检测图像

缺陷尺寸:20mm×30mm

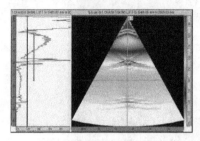 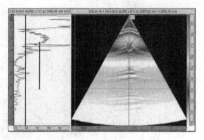

图 2-16   孔深 3mm 图像   图 2-17   孔深 2mm 图像

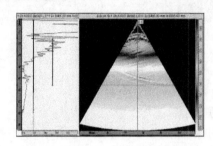

图 2-18   孔深 1mm 图像

3. 检测结果分析

通过对检测结果中的 A-Scan 显示方式与 S-Scan 显示方式图像分析,对于 A 扫描显示方式来说其检测效果与超声单晶探头的回波检测效果相类似,在此不对此显示方式进行详细分析。但通过对比波型可以发现,相较于常规超声回波法单晶探头检测而言,利用相控探头检测的波形杂波较多,对缺陷的判定识别有一定的影响。

原因分析:由于在检测前进行参数设置过程中,在接受频率设置中,设置为接收全频率波段(0.5~19.0MHz),导致在接收超声回波过程中,接收大量杂波,影响缺陷信号的接收与识别,而在选择单一频率进行滤波接收之后,杂波明显减少,检测响应波型更加清晰可辨。

而对于扇形扫描(S-Scan)显示图像进行分析,在初步设置检测增益为 20dB,检测声程为 9.60mm,接收频率设置为接收所有频率。在对位置较深的缺陷,可以较为清晰地观测到缺陷响应图像;但当检测近表面的缺陷时,接收各频率(高频与低频信号)强度会覆盖到缺陷响应图像。对参数进行调整,选择单一频率(这里选择与探头频率想接近的 7.5MHz 作为接收器频率),降低增益,提高抑制。可以发现检测图像杂波明显减少,能够较为清晰地识别出缺陷响应。在这里可以发现,相控阵检测技术对于碳纤维层压结构的检测具有可视化好、可进行定量检测的优点。

38

第3章　飞机复合材料射线检测

3.1　射线检测的原理与特点

在物理学上,X射线也是一种电磁波,其波长位于紫外线和γ射线之间,它是由原子中的电子在能量相差悬殊的两个能级之间的跃迁而产生的粒子流。因此,激发X射线的基本物理条件是:必须有来自外部的能量输入使原子中的电子产生跃迁。X射线通常需要由专门金属材料制成阳极靶材,其位于X射线管中,在高压电场的作用下,使高速运动的电子流轰击金属阳极靶材,使阳极靶材原子中的电子产生跃迁,产生X射线,作为X射线照射源,与被检测物体相互作用,有时X射线照射到某些物体上时还会产生次级X射线。一方面,由于X射线波长很短(位于$0.01\sim100A$),能量大,其穿透能力很强,因此,可以利用不同能量的X射线照射到物体上,通过接收和分析照射X射线在物体中产生的散射射线的特征(如康普顿散射)、透射后的射线特征(如射线能量衰减)等,然后建立这些X射线变化特征与物体内部结构或者不连续性变化之间物理联系和数学表征方法,即可用于揭示被照射物体或材料内部的结构和微结构,进行材料内部缺陷的无损检测;另一方面,通过研究和分析初级X射线与照射物质相互作用产生的次级X射线的物理特性,如特征X射线和光电效应等,还可以用于物质或材料的元素分析等。因此,射线检测原理是当其穿过物质时,因被物质吸收和散射,强度会发生衰减。衰减程度与物质的性质和厚度有关,密度或厚度越大,衰减越大。若被检件有孔洞等缺陷,透过缺陷处的射线强度就大,进而使射线胶片相应处的曝光量增多,暗室处理后呈现出较黑的缺陷影像,从而达到检验零件内部质量的目的,如图3-1所示。

数字射线检测技术利用平板探测器接收X射线,直接获得数字图像信号,具有图像分辨率高、动态范围宽、成像速度快、对人体辐射小等显著优点,能够很大程度地提高图像的品质和运行的效率,对于检测内部损伤效果较好。

与其他无损检测方法相比,数字射线检测技术具有以下特点:

1. 低剂量 X 射线辐射

与传统胶片相比,由于平板探测器感光介质的感光曲线与普通X光胶片不

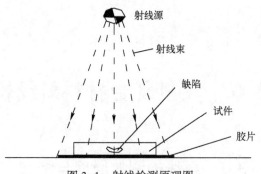

射线源

射线束

缺陷

试件

胶片

图 3-1　射线检测原理图

同,在对比度和宽容度上有较大的动态范围,再加上检测器的高灵敏度,使得数字射线检测(DR)系统的 X 线光子转换效率可以从传统胶片的 20%~30%提高到 60%~70%,从而使 X 射线剂量大大降低。

2. 更高的工作效率

数字射线检测可以在检查的同时从显示屏上观察图像,减少了暗室处理的复杂过程,因而提高了工作效率,特别适用于航空复合材料快速检测,同时可实时监视曝光情况,方便随时调整射线能量或曝光时间。

3. 高质量的 DR 图像和强大的后处理功能

检测结果影像可通过系统控制主机方便地保存、查询和复制,既利于对原始数据的保存,又利于用户对原始数据的获知,方便在役检验;图像后处理技术是提高数字化影像质量的关键。通过边缘增强或平滑处理,调整窗宽窗位,利用放大缩小等功能,对不同的部位、不同的组织结构进行不同的后处理,可以使图像更为清晰。

由射线检测的特点可知,射线检测主要应用于内部质量检测等方面,如表 3-1 所列。

表 3-1　射线检测的适用性

检测内容	检测对象	可检测内容
内部质量检测	铸件	裂纹、气孔、针孔、夹杂(渣)、偏析、疏松、冷隔
	焊件	裂纹、气孔、未焊透、未熔合、夹杂、咬边
	锻件	夹杂、一定方向的分层和裂纹
	复合材料	复合层的未黏合
	蜂窝结构	未熔合、脱焊、脱黏
	塑料制件	气孔、夹杂、裂纹等
	电子元件	断丝、脱焊、错位、外来物等

检测内容	检测对象	可检测内容
厚度检测	规则材料	厚度
	镀层零件	镀层厚度
零部件内部结构	机械组合件	组合零件的状态
		组合方法
	密封件	填充液的液面高度
多余物	飞机	多余的零件及装配工具

X 射线检测方法也是一种重要的复合材料无损检测方法,特别对于一些用超声难以检测的复合材料结构,如蜂窝夹芯结构中芯层缺陷的检测等,X 射线是一种非常有效的检测方法。

由于复合材料,特别是树脂基复合材料,总体上对 X 射线的吸收或者衰减都非常小,而且通常复合材料制件又都比较薄(一般小于 50mmn),因此,目前复合材料的 X 射线检测选用软 X 射线,即可满足复合材料的 X 射线检测的照射要求。经过数十年的发展和不断完善,复合材料 X 射线检测技术有了快速进步,目前 X 射线检测方法在复合材料的研发阶段、制造阶段、在役使用阶段都有不同程度的检测应用。

经过数十年的发展,目前复合材料 X 射线检测方法和技术已由早期的胶片照相法,发展到了基于各种平板接收器的数字 X 射线成像技术,由早期的手工摆放胶片或分步照射检测的方法发展到了自动扫描的实时 X 射线成像检测技术等,特别是随着平板接收器的质量和分辨率的提高,传统的胶片照相法正在逐步被替换为各种数字式 X 射线方法。数字式 X 射线方法在复合材料无损检测中得到广泛应用,同时省去了胶片照相法中因需要胶片、胶片冲洗设施、产生的废液等额外成本和环境污染等问题,检测的效率也得到显著提高。

目前,X 射线检测方法和基于 X 射线原理的各种检测技术已成为复合材料及其结构无损检测与缺陷表征、微结构分析等重要技术手段。常见的复合材料 X 射线检测方法包括:

（1）XR(Conventional Radiography)或 FR(Film Radiography)胶片照相射线检测法,利用专门的感光胶片记录射线的感光强度,然后通过对胶片进行化学处理(即显影和定影),形成黑度底片,借助专门的观光灯,通过对底片黑度观察分析,确定被照射部位是否存在缺陷。

（2）CR(Computed Radiography)图像板照相射线检测法,用一种专门的感光图像板代替感光胶片,然后利用一种专门的激光扫描器读取感光图像板记录的射线感光强度并转换为数字图像(通常是灰度图像),通过对数字图像的灰度分析,进行检测结果的评定。CR 也是数字式 X 射线检测方法的一种,不过,目前在复合材料检测中已不常用了。

（3）DR（Digital Radiography）数字射线检测法,采用数字图像平板接收器直接将透过被照射部位的 X 射线强度转换为图像数据,通过其与计算机的数据接口传送至计算机进行实时成像显示和检测结果的评定,检测的实时性和检测的效率得到明显的提高,目前在复合材料检测中应用比较普遍。

（4）CT（Computed Tomography）计算机层析法,通过对被检测物体的某个照射横截面的旋转扫描,获取该横截面的二维数字射线图像,同图像重构还可以得到被照射物体或零件部位的三维数字射线图像。由于这种检测方法射线源与接收器需要围绕被检测零件中的照射截面部位做系列的相对旋转扫描和图像数据重构,因此,单次照射的面积很小,检测效率会很低,成本很高,同时被检测零件受射线源与接收器之间的距离 CT 转台口径所限,因此,一般大型复合材料结构不适合采用 CT 法检测,可用于一些关键零件或者重要部位的检测、结构求逆等。

（5）Micro CT（Micro Computed Tomography）微计算机层析法、微 CT 法,又称为"μ-CT"法,是近年推出的微型焦点的 X 射线 CT 检测方法,其工作原理和图像重构方法等与 CT 完全一样,最大的区别在于所用的射线源的尺寸,它通过采用微米级焦点（如 $10\mu m$ 焦点）的射线源,获取更高的射线检测分辨率。目前较为高端的 μ-CT,其分辨率可以达到纳米级,它主要用于非常小的样品的组织结构或者微缺陷的二维、三维表征,目前在部分复合材料研发的前期中有所研究。不同的 X 射线检测方法,适用于不同的检测对象和检测目的,因此,从这个层面上,按照 X 射线检测对象或用途也可分为:面向小样品的 X 射线检测方法,面向中小型零件的 X 射线检测方法,面向中大型复合材料零件的检测。按照 X 射线检测自动化程度,也可分为自动和非自动 X 射线检测方法。

从缺陷检出能力上,基于 X 射线的检测方法,对复合材料中的分层和平面型分布不敏感,或者难以有效检出,而对体积性缺陷、密度变化明显的缺陷或材料不连续性具有较灵敏的检出能力。

因此,X 射线检测是一种非常有益和重要的复合材料无损检测方法,但 X 射线检测方法的选用,通常需要根据被检测复合材料结构的几何特征及其工艺特点、检测环境条件、缺陷可检性、检测效率、检测成本等综合考虑和选用。就航空复合材料结构而言,X 射线检测方法选用的基本原则是:①一般飞机壁板类的层压结构和泡沫夹层结构不适合选用 X 射线检测方法;②能用超声等方法解决的,尽量不选用 X 射线检测方法。尽管如此,X 射线检测方法仍然是一种非常重要的复合材料结构无损检测方法,它已广泛应用于各种复合材料蜂窝夹芯结构的无损检测、特殊复合材料结构部位或者特别复杂的复合材料零件的无损检测,如冲击损伤、异物等的检测和定性定量分析,复合材料内部微结构的二维和三维显微分析、复合材料制备过程中的质量在线检测与监测等。特别是随着复合材料在飞机领域的批量应用,基于 DR 的自动化扫描的高效 X 射线检测技术将会备受工业部门的青睐。因此,了解一些 X 射线检测方面的基本知识和检测原理,将对选用和拓展 X 射线检测技术在复合材料中的应用具有非常有益的帮助。

3.2 射线检测设备与器材

3.2.1 X 射线检测设备进展

从使用角度,X 射线检测设备主要由射线发生器、胶片或图像板、辅助机械系统或机械扫描与运动控制系统、零件工装、电源、洗片与观片部分组成,此外还需要有辐射防护、暗房、铅封等环境设施。其中 1X 射线发生器尤为关键,它主要包括射线管、高压发生器、控制单元和冷却系统。X 射线通过射线管中高速电子流轰击的金属靶材(如钨)产生,因此,射线管是 X 射线产生的主要部件,在很大程度上,射线管的质量、性能和水平及其发展决定了 X 射线检测设备的发展。经过近百年的发展,目前已有了面向各种检测应用的不同几何大小、不同重量、不同焦点、不同冷却方式、不同能量规格的各种 X 射线管。

总体上基于 X 射线管的检测设备经历以下几个发展时期。

20 世纪 70 年代:主要是采用基于胶片照相法 X 射线检测设备,X 射线发生器也显得比较笨重,通常都需要有专门的胶片冲洗暗房和铅房。此期间,随着计算机的推出,开始研究出现了 CT 检测原理样机,如 1971 年英国工程师豪斯菲尔德在前人理论研究基础上,成功研制了世界上第一台 X 射线断层扫描样机,即 X 射线 CT 样机,将计算机断层照相和 X 射线机相结合,实现了 X 射线图像重建和显示。期间复合材料主要是采用 X 射线胶片照相法检测。

20 世纪 80 年代:随着电子、计算机、机械、控制和化学等相关领域及学科的快速发展,X 射线检测设备出现了"雨后春笋"般的发展。例如,随着 X 射线胶片技术自身不断的改进,可以根据不同的检测要求,生产和市售多种型号的胶片;传统的手工洗片开始推出自动洗片机;为了克服胶片照相不能重复使用,且需要专门的洗片设施,效率低等局限,开始推出了多种不同的微焦点 X 射线检测设备;X 射线发生器体积和重量也得到了明显改善,出现了一些工业应用的小型化、轻量化的 X 射线检测设备;在此期间,随着电子计算机技术等发展,也推出了一些面向工业应用的 CT 检测设备。

20 世纪 90 年代:随着成像器件技术的发展和高分辨率的图像板的推出,无胶片的 X 射线成像检测设备有了显著的发展,特别是随着 X 射线成像板和平板探测器的性能和分辨率的提升,各种性能更高更好的 X 射线机和微焦点 X 射线机的进一步推出,基于平板探测器的 DR 检测设备不断地被更多的人们所接受,CT 检测设备也有了升级换代。

2000 年以来:X 射线数字成像技术越来越成熟,平板探测器的分辨率进一步提高,D 检测设备的图像质量及相关的性能指标与胶片法日趋接近,DR 检测设备已在多个领城逐步实现了对 X 射线照相胶片法的替代,一些基于 DR 的实时的、自动的 X 射线检测设备不断在工业部门得到重要应用,例如,作者及其团队与所在单位开发的 HDR-160 数字式 X 射线检测设备,可以实现 6000mm 长的大型复合材料结构的 X 射线自动扫描成像检测,检测效率比普通 DR 检测设备显著提高,对复合材料结构的成像质量几乎与胶片法一致。此期间 CT 检测设备也得到了进一步的发展,大部分 CT 设备也都具有 DR 的检测功能。射线检测设备最高的管电压可以达到 450kV,为一些非常厚的金属材料或零件的检测提供了可能性。基于常规焦点(大于 0.5mm)、毫米焦点(0.05～0.5mm)、微米焦点(小于 50mm)、纳米焦点 X 射线管的各种 X 射线检测设备非常齐。

3.2.2 X 射线机的基本结构

工业射线探伤中使用的低能 X 射线机,简单说由 4 部分组成:射线发生器(X 射线管)、高压发生器、冷却系统、控制系统,其基本结构框图如图 3-2 所示。当各部分独立时,高压发生器与射线发生器之间应采用高压电缆连接。

图 3-2 X 射线机基本结构

X 射线机可以从不同方面进行分类。例如,按照 X 射线机的工作电压可分为恒压 X 射线机和脉冲 X 射线机;按照加在 X 射线管上的电压脉冲频率可分为恒频 X 射线机和变频 X 射线机;按照所使用的 X 射线管可分为玻璃管 X 射线机和陶瓷管 X 射线机;按照 X 射线管的辐射角可分为定向 X 射线机和周向 X 射线机;按照 X 射线管焦点尺寸可分为微焦点、小焦点和常规焦点 X 射线机等,但目前较多采用的是按照结构进行分类。按照 X 射线机的结构,X 射线机通常分为3类,便携式X射线机(如图3-3所示)、移动式X射线机和固定式X射线机。

图3-3　便携式X射线机

下面对X射线机的主要组成部分作一简单介绍。

1. 射线发生器

单独的射线发生器主要由X射线管、外壳和充填的绝缘介质构成。X射线管是X射线机的核心部分。外壳由具有一定强度的金属制做,外壳上有一系列的插座,包括可能有的高压电缆插座和冷却循环用的接管等。在外壳内应有一定厚度的铅屏蔽层,使漏泄辐射量降低到规定的要求。

2. 高压发生器

高压发生器提供X射线管的加速电压——阳极与阴极之间的电位差和X射线管的灯丝电压。在高压发生器中主要有高压变压器、高压整流管、灯丝变压器,它们共同装在一个机壳中,里面充满了耐高压的绝缘介质。高压发生器中注满的高压绝缘介质,目前主要是高抗电强度的变压器油。

高压变压器的结构与一般变压器相同,其特点是二次电压很高,但功率不大。为保证高压变压器具有足够的绝缘强度,在制造过程中应进行严格绝缘处理,以防止以后发生击穿。

灯丝变压器的一次电压一般为100~200V,二次电压常为5~20V,必须解决的问题是一次绕组与二次绕组之间的绝缘问题。由于X射线管的阴极处于高压之中,而灯丝变压器的一次绕组处在低压线路之中,因此必须防止它们之间的高压击穿。正是由于这个原因,灯丝变压器必须置于高压绝缘介质之中。

3. 冷却系统

对常用的低压X射线机,X射线管只能将电子能量的1%左右转换为X射线,绝大部分的能量在阳极靶上转换为热量,加热阳极靶和阳极体。因此,为了使 X 射线管能正常工作, X 射线机必须有良好的冷却系统, 否则, 阳极靶将被高热损坏。

X 射线机采用的冷却方式粗略地可分为 3 种:

(1) 油循环冷却。这种方式采用油循环系统, 冷却油从油箱泵入射线发生器(X 射线管的阳极端), 从射线发生器的另一端(X 射线管的阴极端)离开, 带走热量, 返回油箱。为了增强冷却效果, 常又采用流动水冷却循环油。这种方式主要应用在固定式 X 射线机。

(2) 水循环冷却。这种方式采用循环水直接进入射线发生器中 X 射线管的阳极空腔, 水流出时带走热量。这种冷却方式只能用于阳极接地电路的情况, 主要应用在移动式 X 射线机。

(3) 辐射散热冷却。这种方式是在射线发生器的阳极端装上散热器, 一般还装备风扇。通过散热器辐射和射线发生器外壳散热冷却。这种方式主要应用在便携式 X 射线机。

4. 控制系统

X 射线机的控制系统主要包括基本电路、电压和电流调整部分、冷却和时间等的控制部分、保护装置等。

为保证 X 射线机的正常工作, 在 X 射线机中设置了一系列传感器, 相应地在电路中设置了继电器, 此外还设置了一些保护电路。主要有保险丝、过压继电器、过流继电器、油温继电器、零位接触器、水压开关、气压开关、油压开关、时钟零位开关等, 一旦 X 射线机中出现异常情况或工作条件不符合要求, 这些保护装置将动作, 这时 X 射线机将不能加上高压或高压将被切断。

5. 高压电缆

移动式和固定式 X 射线机的高压发生器与射线发生器之间, 应采用高压电缆连接。高压电缆的结构大体包括同轴芯线、绝缘层、半导体层、金属网、保护层。高压电缆在使用中最常见的故障是电缆端头处发生击穿。

3.2.3 X 射线管

X 射线管是 X 射线机的核心器件, 其基本结构为由管壳封成的高真空腔体和在腔内封装的阳极和阴极, 管内的真空度应达到 $1.33 \times (10^{-5} \sim 10^{-3})$ Pa。管壳必须具有足够高的机械强度和电绝缘强度。图 3-4 是 X 射线管的结构示意图。

阴极由灯丝和一定形状的金属电极——聚焦杯构成。灯丝由钨丝绕成一定形状, 聚焦杯包围着灯丝, 它可以控制灯丝发射的电子束形状。灯丝的形状、尺寸及聚焦杯的形状、尺寸与灯丝的相对位置等, 都直接相关于 X 射线管的焦点。

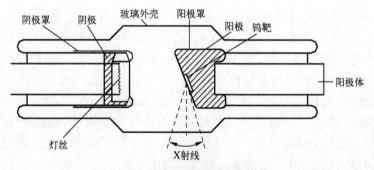

图 3-4　X 射线管结构示意图

阳极主要由阳极体、阳极靶和阳极罩构成。阳极体为具有高热传导性的金属电极,阳极靶紧密镶嵌在阳极体上,与阳极体具有良好的接触,典型的阳极体由无氧铜制做。阳极靶采用钨制做,这是因为阳极靶直接承受高速电子的撞击,电子绝大部分能量在它上面转换为热,阳极靶必须耐高温。此外,阳极靶应具有高原子序数,才能具有较高的 X 射线转换效率。阳极靶的表面应磨成镜面,并与 X 射线管轴成一定角度,靶面与管轴垂线所成的角度常称为靶面角。阳极罩常用铜制做,它可以吸收高速电子撞击阳极靶时产生的二次电子。阳极罩在朝向阴极方向有一小孔,阴极发射的电子从这个小孔进入,撞击阳极靶。阳极罩的侧面也有一个小孔,常用原子序数很低的薄铍板覆盖,称为窗口,阳极靶产生的 X 射线从此窗口辐射出来。阳极靶可以采用不同的结构,以产生不同的辐射。例如,常用锥形靶和平面形靶产生周向辐射 X 射线,也有的 X 射线机采用特殊的旋转阳极靶,以改善散热状况。

在 X 射线管中产生 X 射线的基本过程如下。X 射线管的阴极灯丝通过电流,被加热到 2000℃以上后发射电子,这些电子聚集在灯丝附近。当 X 射线管的阳极和阴极间施加上高压后,电子在这个高压作用下被加速,高速飞向阳极靶,穿过阳极和阴极之间的空间后撞击到阳极靶上。通过韧致辐射,电子的一部分动能转化为 X 射线,从 X 射线管窗口辐射出来。电子的大部分动能传给了阳极靶,使它迅速升温。

从这个过程可以看出,为了保证 X 射线管能够正常地工作,产生一定能量和强度的 X 射线,X 射线管必须具有足够的真空度、足够的绝缘强度和足够的散热能力。X 射线管的结构、所达到的绝缘强度和真空度,限定了在阳极和阴极间所能施加的最高高压。由于气体分子在电子的撞击下可以发生电离,产生附加的电流,真空度同时还将影响 X 射线管管电流的稳定性,这也直接关系到 X 射线管的正常工作和寿命。显然,如果不能很好地散热,X 射线管的阳极将迅速升到很高的温度,不仅会使阳极靶烧毁,而且也会导致 X 射线管整体损坏。

目前,在工业射线检测中广泛使用的 X 射线管有 3 类,即玻璃 X 射线管(图 3-5)、金属陶瓷 X 射线管(图 3-6)和波纹陶瓷 X 射线管(图 3-7)。金属陶瓷 X 射线管以不锈钢管代替玻璃管壳,用陶瓷材料绝缘,与玻璃管壳的 X 射线管比较,它的主要特点是结构牢固、寿命长,现在已经是 X 射线管的重要类型。波纹陶瓷 X 射线管是广泛应用的另一类 X 射线管,它与金属陶瓷 X 射线管具有类似的特点。普通玻璃 X 射线管的寿命一般为 400~500h,陶瓷 X 射线管的寿命一般在 1000h 以上。这里所说的寿命是指 X 射线管的辐射量降低到规定值的 80%以下,并不是指 X 射线管本身损坏。

图 3-5　玻璃 X 射线管

图 3-6　金属陶瓷 X 射线管

图 3-7　波纹陶瓷 X 射线管

微焦点 X 射线管是一类特殊结构的 X 射线管,管的焦点尺寸现在可小到几微米,它采用了一套电子聚焦系统,以便形成很细的电子束。这种 X 射线管的工作电压较低,一般不超过 160kV,管电流也远小于普通 X 射线管,一般不超过数百微安。

3.2.4 X 射线机的主要技术性能

X 射线机的主要技术性能指标,从射线检验工作角度可归纳为 4 个:工作负载特性、辐射强度、焦点尺寸和辐射角。此外,还有其他一些重要指标,如工作方式、漏泄辐射剂量、重量等,这些性能都直接相关于射线检测工作,在选取 X 射线机时应考虑上述性能是否适应所进行的工作。

1. 工作负载特性

X 射线机的工作负载特性给出了该 X 射线机可使用的管电压范围和对应的可使用的管电流值,完整的特性常以工作负载特性曲线形式给出,典型的工作负载特性曲线如图 3-8 所示。

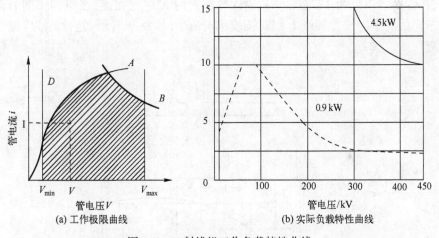

(a) 工作极限曲线   (b) 实际负载特性曲线

图 3-8　X 射线机工作负载特性曲线

X 射线机的工作负载特性,实际上是由二个方面的因素决定的:一是 X 射线机所采用的 X 射线管和高压发生器系统等所限定的高压范围;二是在一定的 X 射线管灯丝加热电流与管电流与管电压的关系曲线(称为"阳极特性曲线")的限定;三是由 X 射线管阳极能承受的最大容许功率的限制。这些限制作用共同决定了 X 射线机的工作负载特性。

X 射线机的工作负载特性曲线给出了 X 射线机的工作特性,因此也就给出了其适宜检验的材料、厚度范围和工作的应用特点。从 X 射线机的工作负载特性曲线还可以看到,所能使用的管电流与所施加的管电压相关,也受到焦点尺寸的限制。特别是,在管电压低端并不能使用较大的管电流。实际上,如果在这时想得到较大的管电流,必然要过分地加大灯丝加热电流,这将会导致灯丝过热而烧毁。

2. 辐射强度

实验研究指出,X 射线管辐射的 X 射线强度近似与管电压的平方成正比、与管电流成正比、与靶物质的原子序数成正比,这个关系可以表示成下式:

$$I = aiZV^2 \qquad (3-1)$$

式中:I 为 X 射线强度;i 为管电流(mA);Z 为靶物质的原子序数;V 为管电压(kV);α 为比例系数,$(1.1 \sim 1.4) \times 10^{-6}$。

因为输入 X 射线管的功率为 iv,所以射线管的转换效率为

$$\eta = iv \frac{aiZv^2}{iv} = aZv \qquad (3-2)$$

从式(3-2)可以看到,对低压 X 射线机,输入 X 射线管的能量只有很少部分转换为 X 射线,大部分转换成热。例如,钨靶 X 射线管在管电压为 100kV 时,其转换效率仅为 1%左右。X 射线管辐射的 X 射线强度,在空间不同方向是不同的。X 射线管轴线上相对强度的分布如图 3-9 所示,这常称为"侧倾效应"。

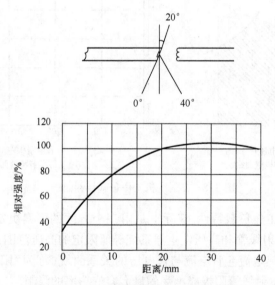

图 3-9　X 射线管辐射的"侧倾效应"

在距离 X 射线管焦点处空间一点的 X 射线强度可按下式计算:

$$I_F = \frac{aiZv^2}{F^2} \qquad (3-3)$$

3. 焦点

X 射线管的焦点也就是 X 射线机的焦点,焦点是阳极靶上产生 X 射线的区

50

域。由于焦点的形状、尺寸直接相关于射线检测所得到的影像的质量，因此它是 X 射线机的一个重要技术指标。

X 射线机的实际焦点是指电子束所撞击的阳极靶的面积，在射线检测中通常所说的焦点并不是实际焦点，而是指有效焦点。由于 X 射线管的阳极靶面与管轴具有一定的角度，因此，如果从不同方向观察 X 射线机的实际焦点，则可以看到不同的形状和大小。有效焦点是指 X 射线机的实际焦点在辐射的射线束的中心方向观察到的焦点形状和尺寸，也就是实际焦点在垂直于管轴方向的投影，它总是小于实际焦点。图 3-10 显示的是焦点实际(发射 X 射线)的形状。

焦点的形状取决于灯丝绕制的形状，如果灯丝为圆形，焦点也为圆形；如果灯丝为长条、螺旋管形，则焦点将为长方形。国际标准化组织把常用的 X 射线机的焦点形状归纳为 4 种基本形状，即正方形、长方形、圆形、椭圆形，各种形状焦点的有效焦点尺寸 d 的计算式如下：

正方形：$d=a$

长方形：$d=(a+b)/2$

圆形：$d=a$

椭圆形：$d=(a+b)/2$

式中各值的意义如图 3-11 所示。

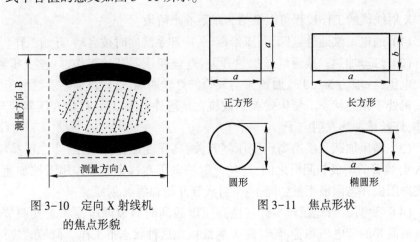

图 3-10　定向 X 射线机
　　　　的焦点形貌

图 3-11　焦点形状

测定焦点的尺寸有两种方法：针孔法和几何不清晰度法。

针孔法采用针孔板利用小孔成像方法测定焦点的尺寸。测定时选择适当的焦点与成像板距离，按规定将针孔板置于 X 射线管和成像板之间适当位置，并按规定的透照参数透照，从得到的底片影像测量焦点尺寸。

几何不清晰度法是利用计算的方法，从测量得到的几何不清晰度计算焦点的尺寸。

不同的标准对测定方法的具体规定存在一些差异。

4. 辐射角

辐射角直接决定了 X 射线机可使用的辐照场,它由阳极靶的形状和阳极的设计决定。

在目前使用的 X 射线机中,定向辐射 X 射线机的辐射一般为 40°锥形辐射角,周向辐射 X 射线机一般为 24°×360°或 25°×360°的扇形周向辐射角,或者是 12°×360°的半扇形周向辐射角。定向辐射 X 射线机的阳极靶为平面靶,靶面角(即靶面与 X 射线管轴垂线的夹角)为 20°。周向辐射 X 射线机的阳极靶常采用锥形靶或平面靶,采用平面靶时靶面角为 0°。

简单地测定辐射角时,可把成像板垂直于窗口平面放置,用很短的时间曝光,从得到的底片影像测量。一般应在十字交叉的两个方位完成上面的测量。

为了测定辐照场,可在预计的辐照区的不同位置放置适当大小的成像板,曝光后从底片的黑度情况判断辐照场的均匀性和具体情况。或者也可将成像板直接贴放在 X 射线机的窗口上,曝光后从得到的底片影像粗略估计辐照场情况。

3.2.5　X 射线机的工作过程、常见故障与维护

X 射线机的工作过程可以概括为以下 6 个阶段:

(1) 通电。接通外电源,调压器带电,冷却系统同时被启动,开始工作。

(2) 灯丝加热。接通灯丝加热开关,灯丝变压器开始工作,灯丝变压器的二次电压(一般为 5~20V)加到 X 射线管的灯丝两端,灯丝被加热发射电子。X 射线机处于预热状态。便携式 X 射线机在接通外电源以后,灯丝变压器即开始工作,灯丝被加热发射电子。

(3) 高压加载。接通高压变压器开关,高压变压器开始工作,二次高压加在 X 射线管的阳极与阴极之间,灯丝发射的电子在这个高压作用下被加速,高速飞向阳极并与阳极靶发生撞击,X 射线管开始辐射 X 射线。

(4) 管电压、管电流调节。接通高压以后同时调节调压器和毫安调节器,得到所需要的管电压和管电流,使 X 射线机在这种状态下工作。调节时应保持电压在前电流稍后。

(5) 中间卸载。一次透照完成后,先降低管电压和管电流,再切断高压,按照 X 射线机规定的工作方式进行空载冷却,准备再次高压加载进行透照。

(6) 关机。按照中间卸载方式卸载后,经过一定的冷却时间冷却后断开灯丝加热开关,再断开电源开关。

现在许多 X 射线机已改为高压、管电流可以预置,接通高压开关后,X 射线

机的控制部分自动调节、逐步达到所需要的高压和管电流,不需要再进行人工调节。多数控制箱已改为数字显示和数字式调节方式调节。

由于制造质量不良、操作不当、维护不佳等原因,X射线机可能发生各种故障。在日常使用中常出现的故障,主要发生在X射线管、高压发生器和高压电缆等部分,在低压电路中,由于元器件的损坏或老化,也会出现故障。

X射线机主要故障类型及产生原因列于表3-2中。发生故障时应立即停止X射线机的工作,查明原因,排除故障。

表3-2 X射线机主要故障类型及产生原因

故障主要现象	主要故障部位与故障原因
毫安表指示摆动	(1) X射线管真空度降低; (2) 高压电路中局部绝缘降低
毫安表指示过载	(1) X射线管漏气; (2) 高压电路存在击穿,高压变压器对地击穿,高压变压器层间击穿,灯丝变压器对地击穿,高压电缆击穿
高压加上后无管电压	(1) X射线管灯丝烧断; (2) 电路存在接触; (3) 电路元器失效
高压不能接通	(1) 工作条件不符,保护装置动作; (2) 高压击穿,过载保护动作; (3) 电路元器件失效、电接触不良
电源保险丝熔断	(1) 射线管漏气; (2) 高压电路击穿; (3) 低压电路存在短路或击穿

为了减少X射线机的故障,在日常使用中应严格遵守X射线机的使用说明,认真进行各项维护工作,其中应特别注意下列各项。

(1) 不能超负荷使用X射线机。X射线机都规定了额定电压、额定电流(管电流)、工作方式,工作方式指的是加载与冷却交替循环时间的规定,在正常开机工作时必须遵守这些规定。

(2) 注意X射线管的老化训练。X射线管是一个高真空度的器件,如果真空度降低,将引起高压击穿,损坏X射线管。

X射线管在制造过程中,管壳、电极都经过严格的排气处理,但X射线管内的材料,能够不断地析出气体,导致真空度降低。为了保证X射线管的真空度,新安装的X射线管,或关机一段时间再启用的X射线机,在开机后都应进行X射线管的老化训练,吸收X射线管内的气体,提高X射线管的真空度。老化训练就是按照一定的程序,从低电压、低管电流逐步升压,直到达到X射线机工作所需的最高管电压或额定工作电压。不同的X射线机均有自己的具体规定,表

3-3列出了一台X射线机的老化训练的主要规定。在老化训练中应注意观察管电流,如果在某一管电压下管电流不稳定,则应降回原管电压,重新在原管电压下工作一段时间,再升高管电压。

表3-3　玻璃管X射线机的老化训练规定

停用时间	8~16h	2~3 天	3~12 天	>21 天
升压速度	10kV/30s	10kV/min	10kV/2.5min	10kV/5min

现代的X射线机内常安装保护装置,其保证在未完成必要的老化训练之前,无法向X射线管送上高压。有的X射线机装备了自动老化训练程序,只要停放时间在规定的时间内,可以采用自动老化训练程序完成老化训练。

(3)充分预热与冷却。X射线机在开机后,应使灯丝经历一定的加热时间后,再将高压送到X射线管。关机前,应使X射线管的灯丝在无高压下保持加热一段时间。这将减小X射线管灯丝不发射电子状态与强烈发射电子状态之间的突然变化,这种突然变化将加速灯丝的老化,减少X射线管的寿命。在使用X射线机时必须注意充分预热。

在使用X射线机时还必须注意充分冷却。在X射线管中电子动能的绝大部分转换为热,使阳极急剧升温,如果不注意充分冷却,将导致阳极过热,阳极靶面蒸发或熔化,并会加大气体的释放,最终使X射线管损坏。

为了达到充分冷却,除了保证冷却系统正常工作外,还必须遵守X射线机的工作方式规定,在高压加载一定时间后必须按照规定间歇一定的时间,防止X射线机因冷却不足造成事实上的工作,形成了超负载的过度使用,这将很快损坏X射线管或严重损伤X射线管。

不同X射线机对工作方式都有明确的规定,一般都规定了允许的最长连续工作时间,同时规定了相等的高压加载时间和间歇冷却时间。便携式X射线机经常采用高压加载5min、间歇冷却5min的工作方式;移动式和固定式X射线机,由于冷却系统较好,最长连续工作时间可达30min,工作方式一般也是采用相等的高压加载时间和间歇冷却时间。

(4)日常定期维护。做好日常定期维护工作,对于保证X射线机长期处于正常工作状态和延长使用寿命都具有重要意义。

主要的日常维护工作可以分为下列3个方面:

① 定期校验指示仪表和清洁控制系统的元器件。

② 定期检验绝缘油、冷却油的耐压强度和充气绝缘X射线机的气压。

③ 定期检验连接部分和紧固部分的状况,特别是高压电缆连接处的密封和紧固螺桂,保证它们都处于良好、有效的状态,防止泄漏、渗入。

3.3 复合材料 X 射线检测技术的未来发展趋势

目前已有的检测实例和应用情况表明,X 射线是复合材料无损检测的一种非常重要和有发展潜力的检测技术,尽管这种检测方法需要专门的辐射防护,废液污染也还不能完全,还较难做到检测的便携性,但就复合材料而言,X 射线仍然是超声检测方法的一种重要补充,特别是利用超声方法难以很好解决的一种特殊复合材料结构或者特殊缺陷定量评估分析、材料内部微结构表征等,X 射线提供了一种有效检测方法和解决方法。

3.3.1 结构可检性

就复合材料结构可检性而言,X 射线检测方法适合那些既不是太厚也不是太薄的复合材料结构的检测,而且 X 射线是一种非常有用的非接触检测方法,不需要耦合剂,也是在复合材料制备过程中进行检测与监测的一种潜在方法。

3.3.2 缺陷可检性

利用 X 射线检测技术,可以检测复合材料中的孔隙(Porosity)、夹杂(Inclusions)、层间贯通性裂纹(trans-laminar Cracks)、树脂-纤维体积比(Resin-to-Tiber ratio)、纤维分布不均(Non-uniform Fiber Distribution)、纤维方向混乱(Fiber Misorientation)等。特别是三维复合材料结构的检测,由于超声衰减太大,X 射线检测方法非常有效,通过 X 射线检测结果,可以揭示三维编织复合材料中的丝束的编制特征,评价复合材料零件中的编织丝束的方向和位置的正确性。利用一些新的数字射线和计算机断层扫描检测技术,对复合材料中的非紧贴型分层也有一定的检测效果。

3.3.3 X 射线检测方法

目前可用于复合材料的 X 射线检测方法包括以下几种。

(1) FR 检测方法(Film Radiography)。目前还有少量在使用,一方面是原有的检测工艺和检测设备暂时还没有技术和经济条件更新;另一方面,还有少量的特殊应用场合或者检测对象,胶片的柔软性和贴合性更好,对于大面积的复合材料结构的 X 射线检测等应用,FR 方法处于被淘汰过程中。

(2) CR 检测方法。需要专门的激光扫描仪读取图像板记录的 X 射线图像,在复合材料无损检测中,已经被 DR 检测方法所替代,目前和将来都很难有更多的工程应用,除非在技术上赋予了 CR 新内涵或者特色。

（3）DR 检测方法。DR 检测方法采用数字平板探测器,由计算机直接读取和显示 X 射线数字图像,又分为实时 DR 方法(又称"X 射线实时成像"检测方法)和 DR 自动扫描检测方法,前者就是利用平板探测器替代 FR 检测方法中的胶片或者 CR 检测方法中的图像板,只不过实时 DR 法,可以通过与平板探测器相连的计算机屏幕实时观察到被照射部位的当前射线图像,而无须进行中间任何数据或信息转换过程,因此,它与 FR 方法和 CR 方法相比,实时性非常强,节省了从 X 射线照射到图像的中间许多转换过程与步骤。DR 自动扫描检测,则是在实时 DR 检测方法基础上,通过扫描机构自动地同步移动射线源和平板探测器,实时对整个复合材料结构的覆盖检测,检测效率最高,是目前和今后复合材料结构,特别是大型复合材料结构快速检测的一种高效检测方法,也是未来复合材料结构 X 射线检测的重要发展趋势和方向。而且,目前用于 DR 的平板探测器的分辨率达到 1024×1024PI(像素)已经比较常见,足够满足复合材料结构的无损检测要求。

（4）CT 检测方法。被检测零件或者样品通常需要作 360°旋转,又分为微焦点 CT(焦点一般小于 50μm)和 μ-CT(焦点达到纳米量级),分辨率很高,目前基于 180keV 的纳米焦点的射线管的 u-CT 中的探测器的像素可以达到 2300×2300,基于 225keV 的微米级焦点的射线管的 CT 中的探测器的像素也可以达到 1024×1024。

（5）其他射线检测方法。还有一些新的复合材料射线检测方法:①X 射线背散射检测方法,通常用于只能从一侧接近被检测零件的应用场合,如飞机全机身安全性检测;②中子射线检测方法,由于中子对 C 和 H 元素非常敏感,因此,它对复合材料吸湿、蜂窝腐蚀、飞机飞行控制表面的胶/复材水化问题(Adhesive/ Composite Hydration in Aircraft Flight-control Surfaces)的检测灵敏度和分辨率更高。

经过过去数十年的发展,在 X 射线探测器和计算机数据处理和成像技术等方面有了非常明显的进步,从而带动了 X 射线检测技术有了非常快速和重要的发展和进步,特别是 X 射线数据采集的分辨率、平板探测器的图像分辨率可以达到非常高,使基于数字射线的各种检测技术和各种检测方法成为未来复合材料射线检测的主要技术方向。就复合材料射线检测而言,未来在以下几个方面将有着非常重要的发展潜力。

（1）基于 DR 的自动化扫描检测技术,包括检测方法、检测工艺、标准、设备、缺陷快速评定等。

（2）CT 检测技术,包括微米级焦点 CT 和纳米级焦点 CT,例如,在微焦点 CT 扫描检测中,可以到达 1μm 的分辨率,而且还是可以实现三维成像和数字化

分析。因此,未来在复合材料定量检测方面将有显著的应用前景,如用于:

① 缺陷的定量评估,如用于复合材料中的气孔直径大小测量、孔隙率量化评估等。

② 树脂/纤维含量的分析。

③ 复合材料结构厚度测量,特别是一些具有许多腔、筋、肋等复杂结构部分的壁测量。

④ 复合材料零件几何尺寸测量。通过 CT 测量结果与 CAD 理论模型进行比较,可得到复合材料零件设计尺寸与实际尺寸的差异等量化信息。

(3) 过程检测与检测技术,包括用于复合材料制备工艺过程中的质量控制与自动检测。由于射线检测不需要耦合剂,又有较强的穿透力,且非接触,因此,未来在复合材料制工艺过程中的质量控制与工艺监测方面有一定的发展和应用潜力。

因此,随着未来复合材料的应用不断扩大,将会给 X 射线检测技术带来更多的发动力和应用机遇。

3.4　射线检测应用

DR 成像检测技术分为基于 DH 的 X 射线数字实时成像检测技术(简称为 DR 成像检测技术)和基于 DH 的 X 射线自动扫描成像检测技术(简称为 DR 自动扫描成像检测技术)。这里主要是介绍基于 DH 实时成像检测技术应用,包括用于外场的便携式 DR 成像检测技术和用于室内的 DR 成像检测技术应用。

3.4.1　外场实时成像检测应用

在复合材料结构服役期间,有时需要对其在服役过程中产生的一些损伤在原位进行 X 射线诊断和检测,此时,采用基于便携式 DR 系统的 X 射线实时成像检测技术是一种非常有效的选择。与便携式胶片照相法检测类似,便携式 DR 实时成像检测系统中采用平板探测器代替胶片,X 射线管在照射被检测零件的同时,其影像被平板探测器接收的同时,就非常快地送到计算机屏幕上显示。而且,从 X 射线管发出 X 射线照射到被检测零件的检测部位,到计算机屏幕显示平板探测器接收到 X 射线影像,几乎在同一时间完成,而不需传统的胶片法需要烦琐的洗片过程,也不需要 CR 成像检测中的 IP 板影像激光扫描读取过程。因此,通常将这种基于 DR 的数字 X 射线成像检测方法称为 X 射线实时成像检测。

便携式 DR 实时成像检测技术可以用于外场复合材料结构或者大型零件现

场特殊部位的检测,如图 3-12 所示,将便携式 X 射线机的射线管对准被检测的复合材料结构部位的一侧,将平板探测器放置在被照射部位的另一侧,透照过程中,X 射线影像直接通过有线或无线传递到远处的便携式影像显示器上进行图像显示,检测人员根据实时显示的 X 射线检测图像进行检测结果的平定和缺陷判别,非常快捷和方便。

 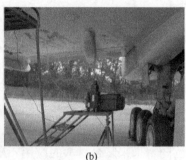

(a)   (b)

图 3-12　数字射线现场检测

3.4.2　室内 DR 实时成像检测应用

DR 实时成像检测技术也可以用于复合材料结构制造过程中的 X 射线检测,包括固定的铅房检测和大型复合材料零件特殊部位的现场检测,其检测工艺和检测过程与图 3-12 类似,只是在室内铅房进行复合材料结构 DR 实时成像检测时,X 射线机一般选择固定式的,通常配备一些机械支撑机构,以便固定 X 射线管和被检测零件及平板探测器,计算机成像系统与平板探测器之间多采用有线连接,典型数字射线铅房如图 3-13 所示。

图 3-13　数字射线检测铅房

58

目前,用于复合材料结构的 X 射线实时成像检测系统都有了快速的进步和技术上的改进,在复合材料结构的缺陷检测和几何结构特征分析等方面有了许多的检测应用,特别是在复合材料蜂窝夹芯结构无损检测中,X 射线实时成像是一种非常重要和有效的检测方法,目前已广泛用于复合材料夹芯结构的无损检测。

3.4.3 数字射线检测应用实例

1. 试验装置

选用 CP1201 数字射线检测设备,非晶硅超薄平板成像传感器,尺寸:360mm×330mm×13mm,成像面积 223mm×216mm。数字实时成像质量:像质计灵敏度达到 AB 级要求。

安全距离:使用 RAD-60R 个人计量仪测试,40°角定向发射,射线发射方向安全距离 30m,背面 6m。主要设备与透照布置如图 3-14~图 3-16 所示。

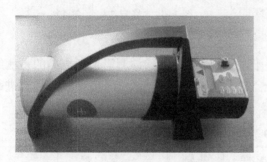

图 3-14　CP1201 型 X 射线检测主机

图 3-15　非晶硅超薄平板成像传感器

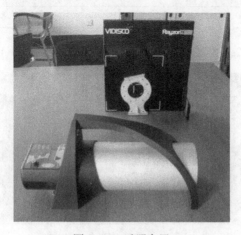

图 3-16　透照布置

2. 被检试件

选用飞机常用的层压结构复合材料和蜂窝结构复合材料,其中层压结构上某区域制作一个直径为 8mm、深度为 2mm 的圆孔,模拟层压结构分层缺陷;另外一个区域制作一条长 10mm、深 3mm 的刻槽,模拟疲劳裂纹,如图 3-17 所示。蜂窝结构复合材料蜂格上制作两个直径为 8mm、深度分别为 1mm 和 2mm 的圆形区,铝蒙皮封装,如图 3-18 所示。

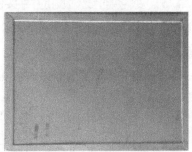

图 3-17　层压结构复合材料　　　　图 3-18　蜂窝结构复合材料

3. 结果分析

以蜂窝结构复合材料检测为例,为了得到清晰的检测影像和准确的检测结果,作者通过铝的曝光曲线和复合材料的等效厚度参数,确定了三组参数进行检测,如表 3-4 所列。

表 3-4　射线检测主要参数

检测参数	管电压/kV	管电流/mA	曝光时间/s	焦距/cm	备注
1	120	1	0.8	70	
2	120	1	0.6	60	
3	120	1	0.5	50	

实验表明,第二组检测参数效果最为明显,图像如图 3-19、图 3-20 所示。

图 3-19　蜂窝结构数字射线图像

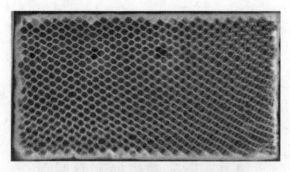

图 3-20 处理后的蜂窝结构数字射线图像

从图中可以看出缺陷所在的位置,利用软件的测量功能可以测量与计算缺陷面积。针对层压结构复合材料,经多次试验,其检测图像如图 3-21、图 3-22 所示。

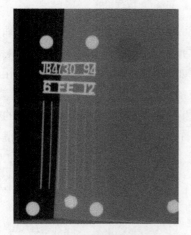

图 3-21 层压结构数字
射线图像

图 3-22 处理后的层压
结构数字射线图像

从图中可以看出模拟的分层和疲劳裂纹缺陷所在的位置,配合专用软件的测量功能,可以把复合材料内部结构直观地显示出来,而且能够精确地实现任何曲面上的两点之间的距离、点到线的距离、多点折线长度等,可以准确地测量裂纹长度等。

61

第4章　飞机复合材料激光散斑检测

4.1　激光散斑检测原理

激光散斑干涉技术无损检测原理主要是基于散斑干涉技术对物体表面各种变形的测量,当被测物体受某种载荷(力、热等)作用时,其内部缺陷在表面产生比正常情况更大的变形,这种微小的变形将会被散斑干涉条纹所显现,从而达到无损检测的目的。

散斑图的形成就如同雨滴打在水池表面上所形成的波纹,其物理原理其实就是光的干涉原理。下面就简要叙述一下光的干涉原理,如图 4-1 和图 4-2 所示。当两列波相遇时,满足光的叠加原理,如图 4-1 所示:两列相同频率相同振幅的光波 P_1 和 P_2 在空间相遇,干涉后形成的光波 P 与 P_1 和 P_2 具有相同频率,若 P_1 和 P_2 位相相同(图 4-1(a)),则 P_1 和 P_2 相互加强,此时干涉波 P 的振幅是光波 P_1 和 P_2 的振幅的 2 倍,这类干涉称为相长干涉;若 P_1 和 P_2 位相相反(图 4-1(b)),则 P_1 和 P_2 两列波正好相互抵消,干涉波 P 的振幅始终为 0,这类干涉称为相消干涉。

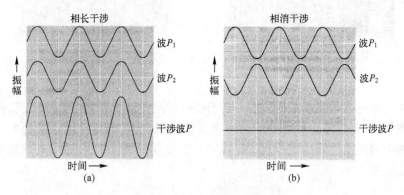

图 4-1　相长干涉和相消干涉

如果在空间某处相遇的不是两列光波,而是两束光波,如图 4-2 所示,光束 A 和光束 B 满足相干条件,这两束光波在空间黑色区域相遇,有些地方始终满足相长干涉的条件,形成的是明条纹,而有些地方始终满足相消干涉的条件,形成的则是暗条纹,这时就会出现如图4-2右侧所示的明暗相间的干涉条纹。这里光束A和光束B必须是满足相干条件的相干光,否则就不可能得到干涉条纹。

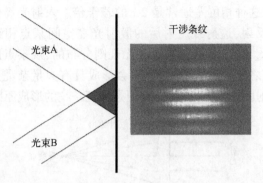

图4-2 干涉条纹

当用满足相干条件的光源即相干光照射到物体表面时,根据惠更斯原理,物体表面上每个点都可看作是一新的子波源,向外发射子波,当这些子波在空间相遇时,由光的干涉原理可以知道它们会发生干涉,形成干涉图样。当用相干光照射物体的粗糙表面时,物体表面漫反射的光也是相干光,它们在物体表面前方的空间彼此干涉形成无数的亮点或暗点,这就是我们所称为的“散斑”。图4-3所示的是典型的激光散斑图的显微照片,之所以看不到像图4-2所显示的那样的干涉条纹,是因为散斑图充满了噪声。

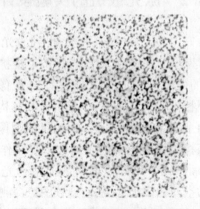

图4-3 激光散斑图的显微照片

激光散斑技术中采用激光作为光源,激光光源具有良好的相干性,在工作环境不变的情况下,其分布在时间上是稳定的,仅仅只是空间坐标的函数。一般物体的表面都很粗糙,与可见光波长相比,这样的粗糙表面可以看作是由大量无规则分布的面元组成。当用激光即相干光照射该表面时,每个面元都可以看作是一个相干光的波源,因此物体的整个粗糙表面就相当于是由大量相干光的波源构成的。对粗糙表面来说,不同的相干光的波源会在入射光的基础上产生附加的相位差,这种相位差通常是 2π 的若干倍。入射光经由粗糙表面上的不同面元透射或反射,透射或反射后的散射光在空间某点相遇时便会发生干涉,如图 4-4 所示。由于各面元是大量无规则分布的,观察点的位置发生变化时,干涉结果也随之发生无规律的变化,会形成具有大量杂乱无章随机分布的亮点和暗点的干射图样,即散斑图。这便是散斑条纹的形成原因。

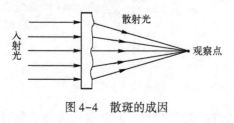

图 4-4　散斑的成因

由上述散斑的形成原因可知,物体表面的性状和照射光的相干性将直接影响散斑的性质。散斑的尺寸和形状与照射光波长和物体表面结构有着直接的关系,照射光不同,或物体表面结构的不同,都会使散斑呈现出不同的现象特点。此外,散斑还与观察位置、记录光学元件的孔径和质量等因素有关。

4.2　激光散斑的实验设计

根据散斑的成像原理及现有的技术手段,得到激光散斑实验装置布置如图 4-5所示。用激光作为相干点光源,用激光经扩束镜扩束后的激光束照射试件,经试件表面反射后的光波,经错位装置后被 CCD 摄像机接收。此处所用的错位装置与光学错位照相机不同:它由一个双折射晶体构成。双折射晶体把一个物点分成像面上的两个像点,从而在视频照相机的图像传感器上产生一对侧向错位像。数字错位照相中视频记录的关键环节是用作错位装置的双折射晶体,错位晶体使得从物面上两个不同点散射的非平行光线变成共线或接近共线,其结果是,散斑图的空间频率很低,从而视频图像探测器 CCD 可以分辨。

错位相经模/数(A/D)转换后,被图像采集和处理系统采集和处理,并存入计算机中,需要时可将其调出。将变形前后获得的两幅错位散斑图相减处理,得到的条纹图即是记录了缺陷大小、形状和位置信息的数字散斑图,该散斑图经数/模(D/A)转换后会以图像的形式显示于计算机的视频上,该图像可由计算机记录存储,需要时随时可将其调出进行分析处理。

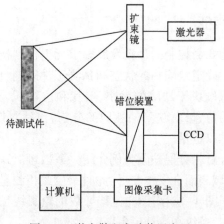

图 4-5　激光散斑实验装置布置

4.3　缺陷的识别和表征

4.3.1　缺陷识别

应变是位移导数的函数,物体中的缺陷通常都会产生应变集中,错位照相通过寻找反映应变集中的特征条纹识别缺陷。虽然错位照相测量的是表面应变,但无论表面还是内部缺陷都能被检测到。这是因为内部缺陷(除非距表面很远)也影响表面变形的缘故。

虽然错位照相最初是为应变测量发展起来的,但它更易于为工业界接受作为无损检测而不是应变测量的手段。其原因是应变测量必须识别条纹级数,建立确定条纹级数的算法。在无损检测应用中,条纹级数的识别通常是不需要的,缺陷可通过寻找缺陷产生的特征条纹来识别(图 4-6)而并不需要知道条纹级数。缺陷的尺寸和位置可直接由相应特征条纹的尺寸和位置确定。

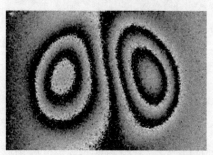

图 4-6　分层缺陷的散斑相位图$\left(\dfrac{\partial W}{\partial x}\right)$

4.3.2 缺陷表征

断裂力学和结构寿命控制的最新发展要求无损检测技术不仅检测缺陷,而且要表征缺陷。为了确定缺陷临界状态和预测工件的剩余寿命,缺陷表征是必要的。缺陷临界状态取决于缺陷的大小、形状和位置,以及缺陷的性质。错位照相易于获得缺陷的位置,对缺陷的性质的分析,包括对缺陷大小和形状的检测,到目前为止,仍难以定量。

下面以层压复合材料分层缺陷为例介绍一下散斑对缺陷的表征方法,当缺陷受加载时,缺陷区域表面会发生变形,此时错位照相测量位移导数,关于 x 的离面位移导数场示于图4-7。离面内位移导数的轮廓线是蝶状条纹,因此在错位照相中,分层以蝶状条纹图表征(图4-8)。

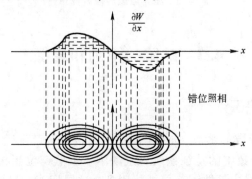

图 4-7　分层模型的位移导数场

同时,分层缺陷也可以通过展开的相位图表征,图4-8所显示的便是相位图(图4-7)所对应的是相位展开图,又称为解析图。

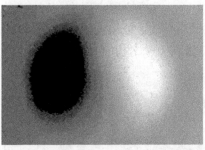

图 4-8　分层缺陷相位展开图 $\left(\int \frac{\partial W}{\partial x} \mathrm{d}x \right)$

对比散斑的相位图(图4-7)和解析图(图4-8),相位图给人的视觉效果是平面的,而解析图能给人一种立体的感觉,能让人对缺陷的大小、形状和位置有更清晰直观的感觉。

分层宽度可通过测量散斑相位图或者解析图的面内宽度获得,分层深度可根据条纹密度来估算。对于同一尺寸的分层,靠近表面的条纹密度高一些,反之亦然。图 4-9 表示 4 个接近同一尺寸、距表面分别为 3mm、6mm、9mm 和 12mm 分层的散斑条纹图,对比 4 幅散斑图可以得出缺陷的深度与条纹密度相关,缺陷埋藏越深散斑条纹越稀,缺陷埋藏越浅散斑条纹越密。这是因为接近表面的缺陷对表面变形有更大的影响。薄板理论预言,板的挠度与其弯曲刚度成反比,而弯曲刚度与板厚度的立方成正比。这意味着,对相同尺寸的分层,条纹与其埋深的立方成反比。因此从理论上来讲可通过条纹密度来估算缺陷的埋藏深度,但实际应用时这种方法难度较大。

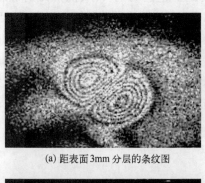
(a) 距表面3mm 分层的条纹图

(b) 距表面6mm 分层的条纹图

(c) 距表面9mm 分层的条纹图

(d) 距表面12mm 分层的条纹图

图 4-9 埋深不同的分层的散斑条纹图

4.4 激光散斑技术的加载方式

由于利用激光散斑无损检测技术检测缺陷,是基于对物体两个不同的变形状态的比较,因此在检测时就必然需要加各种载荷,如力、热、振动等,从而使得物体内部缺陷在表面上产生了比无加载时更大的变形,而这种变形会在激光散斑的干涉条纹中显现出来。因此,加载方式是激光散斑无损检测系统中必不可少的一个重要环节,针对不同的缺陷,采用适合的加载方式将直接影响无损检测的效果。

在对物体缺陷进行加载时必须要注意的是要尽可能地避免刚体运动,因为刚体运动超过一定的量就会使得变形前后的两幅散斑图的散斑不相关,从而降低了条纹质量,影响检测效果。激光散斑无损检测中采用的加载方式一般都不会产生上述的这种刚体运动,可采用的加载方式有热加载、增压加载、真空加载、振动加载、微波加载、冲击加载等。其中最为常用和普遍的加载方式是真空加载和热加载。当前真空加载方法的技术已经发展得较为成熟了,这种加载方式有两种类型的加载设备分别适用于室内和外场检测,但是用于外场检测的加载设备每次能够检测的面积较小,无法满足快速检测的要求;热加载的加载设备比较简单,但复合材料对温度会有敏感性,而且又受到缺陷深度的影响,因此热加载的检测方法适用于室内检测。还有一种加载方式是宽音频非接触加载,具有快速、连续、非接触等优点,完全符合飞机复合材料外场原位检测的加载要求,弥补了传统加载方式不适合外场检测的不足。本书采用的是宽音频非接触性加载、真空加载和热加载这三种加载方式,下面对这三种加载方式作简要介绍。

4.4.1 宽音频非接触性加载

宽音频非接触性加载的基本原理是:来自于信号源的音频信号,这种音频信号的频率是可以连续变化的,将这样的音频信号作用于试件缺陷处的表面,这时试件里面的缺陷处就相当于是一块周边固支的薄板,在音频信号的作用下会发生受迫振动,改变音频信号的频率,当音频信号的输出频率正好是试件内缺陷处的共振频率时,会发生共振,共振时振幅达到最大值,这时试件缺陷所在处表面的形变也相应地达到最大,此时便可以进行激光散斑测量,获取所需要的散斑条纹图了。

对于一个振动系统来说,共振频率就是其固有频率,而任何系统的固有频率都只取决于系统自身的属性,而与外界条件没有关系,也就是说振动系统的固有频率只与系统自身的结构、大小和形状有关。因此对于结构、大小和形状不同的材料中的缺陷,它的共振频率自然也是不同的。用宽音频非接触性加载同一个缺陷时会在多个频率下发生振动,其中有一个与缺陷试件的固有频率相等或接近,称之为是基频谐振频率,也就是通常所说的共振频率,这时的散斑条纹图最为清晰,测量结果自然也最为精准。

为了使试件的缺陷产生符合检测要求的变形量,在检测时应适当控制音频信号的声强,这样才能够确保试件的缺陷在加载时产生符合检测要求的变形量。该技术适合飞机复合材料外场原位检测,主要用于探测以下缺陷:未黏接、层压结构或金属芯体蜂窝结构分层。

4.4.2 真空加载

真空加载是目前在激光散斑技术中应用最广泛的加载方法。这种加载方法可有效地检出复合材料层压结构的分层缺陷和蜂窝结构的脱黏缺陷。真空加载无损检测是通过真空加载前后两次记录物体的变形而得到错位散斑图。由于试件缺陷处有空气隙,因此该处出现的负压会导致缺陷处表面发生形变,该形变会被激光散斑捕捉到,从而达到无损检测的目的。在蜂窝的脱黏缺陷检测中,0.01MPa 这样一个数量级的局部真空就足够了。无损检测时真空加载的加载量一般最大为 0.09MPa。

一般情况下对弹性模量比较低的材料(如塑料、橡胶、有机玻璃等)的缺陷,真空加载方式的检测十分适用,而且相对而言这种加载方式较为成熟,比较容易定量。对小型构件的检测可采用完全密封的真空加载装置进行检测,但是对于飞机中的大型构件,完全密封往往是不实际的,这时应采用局部真空加载装置,局部真空加载可以使用一个有透明窗口的负压杯每次检测一个小区域来实现。负压杯首先利用初始真空将杯与检测表面密封,然后通过透明窗口将检测区照明,借助图像错位装置成像。第一次曝光在施加初始真空后进行,补充抽真空后进行第二次曝光。透明窗的变形可能使条纹图畸变,但这通常是允许的。这种技术适用于复合材料飞机大部件或整机的现场检测,主要用于探测以下缺陷:蜂窝未黏接缺陷、夹芯损伤、夹芯接合未黏接。

4.4.3 热加载

热加载无损检测方法的基本原理是试件被加热时,由于试件的缺陷部分同其他部分的热膨胀系数不同,两部分因此而产生应力作用,使得试件缺陷所在处表面发生形变。这种加载方式适用于两种不同材料的黏接评价,不同材料有着不同的热膨胀系数,受热时会产生准双金属片效应,这时若存在分层区的情况,该区域因没有胶接面的约束会自由变形,引起材料表面应变异常,比如有脱黏缺陷的蜂窝结构件,蜂窝芯内部的空气因受热而膨胀,导致脱黏缺陷上面的蒙皮往外凸起,这时应用摄像机实时记录瞬态热变形,即加热一定时间后在试件降温过程中,选取两个不同时刻用摄像机瞬时记录激光散斑图,并经处理得到表征物体缺陷的散斑干涉条纹图,从而达到无损检测的目的。

在用热源对试件加热时,若试件内部存在缺陷(如分层或脱黏等),在缺陷处会形成一定的空气隙。待测试件表面加热后不仅在缺陷处产生变形,在其他正常区域也产生热变形,因此热加载正常部分产生的条纹与缺陷处产生的条纹相互影响,需要通过条纹的局部畸变判断缺陷的位置和大小。对于不同种类的缺陷,热加载无损检测的基本原理可从两个方面进行考虑:①由于缺陷部分和良好部分的热物理参数不同,热幅射加热的结果使得试件产生温度梯度,导致缺陷区和良好区的变形异常;②加热后缺陷内的气体因产生的压强不同而发生位移。前者对于传热较差的材料,在缺陷面积较大的情况下可以成立;对于易传热材料,试件中的缺陷则主要由后者引起。在热加载时,相同结构和材质构成的区域往往会反馈相同的信号,如果在这个区域存在损坏或结构缺陷(如脱黏等),这些内部缺陷将会在被测物表面上产生局部扭曲,这些扭曲将以条纹相位图模式或解析图模式显示出来。

热加载的主要构件是加热设备,不同材料的热膨胀系数不同,因此所采用的加热设备也应不同。热加载最为常用的加热设备是红外灯或电吹风等,对普通的材料,也可用吹风机或电炉充当加热装置。通常热加载方式的设备简单,使用较为方便,载荷变化范围可大可小。但是热加载无损检测受缺陷深度的影响较大,并且在检测一些对温度反应不敏感的材料部件时检测效果不怎么理想。主要用于探测以下缺陷:撞击损伤、分层、未黏接等。

4.5　散斑图像处理技术

所谓图像处理,就是利用计算机或其他高速、集成硬件等手段,对所获得的散斑图像进行运算或处理,以期提高图像的质量或达到人们所要求的某些预期结果。图像处理技术的优劣将直接制约激光散斑技术的发展和应用。

实际上,通过实验获取的散斑图是一幅充满噪声的图像,而真正的有用信息往往是被各种各样的噪声掩藏着,因此必须借助于一定的滤波手段——图像处理方法,将有用信息从噪声中分离出来。当前大家普遍认可和采用的滤波方法有时域滤波中的均值滤波法和中值滤波法,以及频率域滤波中的低通滤波法。

均值滤波法又称为线性平滑滤波法,这种滤波方法非常适用于去除通过扫描得到的图像中的颗粒噪声,但它会使图像目标区域的边界变得模糊,通常在增强噪声的消除效果的同时,会相应地降低图像的细节锐化程度,使图像变得模糊。图像滤波前后并没有太大的变化,高频噪声仍然存在。因此,均值滤波法用于数字图像处理有一定的局限性。

中值滤波法是一种最常用的非线性平滑滤波法,它用来抑制图像中的噪声时能够不使边缘模糊。它的基本原理是将像素点的灰度值用其灰度值的中值进行替换。这种方法不会像均值滤波法那样使图像边界变模糊,而且还能较好地去除脉冲和椒盐这两类噪声,在实际对图像进行滤波计算时因为不需要考虑图像的统计特性,相比其他滤波方法而言在计算方面相对就简便许多。但是,在激光散斑的图像中除了有少许奇异点外,整个图像基本被其他噪声充满着,所以用中值滤波对散斑图进行滤波降噪也达不到令人满意的效果。

低通滤波法是通过傅里叶变换的方法先把图像转化到频率域上,然后再选择性地抑制各个频率成分,甚至可以增加。图像中的边缘和噪声对应于傅里叶变换中的高频部分,所以,要想在频域中消弱其影响就要设法减弱高频部分分量,理想低通平滑处理的概念非常清晰,但在处理过程中会产生比较严重的模糊和振铃现象,这种现象是由这种变换本身的性质所决定的。

总的来说,时域滤波法对信号进行加工处理不涉及数学变换,主要是对时域信号本身进行分析或利用数理统计的方法来获得信号中的某些特征信息,如计算峰值、均值、相关函数等。

而频域滤波法是利用离散傅里叶变换(DFT)将离散的时间信号序列转换到频域中去,得到信号的频谱,也就是我们经常所说的频谱分析。频谱分析目前虽然已成为信号处理的最基本、最成熟的信号处理方法之一,但是傅里叶变换有着自身的缺陷,主要有如下几个方面:

(1) 只适用于分析平衡信号,对非平衡信号无能为力。

(2) 为了得到一个时域信号的频域特征,必须使用信号在时域中的全部信息,甚至将来信息。

(3) 如果一个信号只在某一个小的领域内发生了变化,那么信号的整个频谱都要受到影响,而对频谱的变化从根本上来说又无法标定发生变化的时间位置和发生变化的剧烈程度,也就是说,傅里叶变换对信号的奇异性不敏感。但在复合材料缺陷检测中奇异性正是我们所关心的信号局部范围内的特征。

应用频率域滤波法进行滤波时还面临了一个如何选择截止频率的问题。因为作为全局性变换的 DFT,在遇到条纹宽度变化较大的条纹图时,就很难确定截止频率。如果截止频率选择过高,则噪声抑制就不能达到效果;反之,条纹图中的高密度条纹就有可能受到损害。

总体来说,DFT 不具有处理瞬态以及非平稳信号的局部特性的能力,而作为时频分析方法的小波变换却在图像压缩领域的实际应用中,展现出了很好的效果。

4.6　激光散斑检测装置简介

激光散斑检测装置如图 4-10 所示,装置包含的主要设备有激光光源、计算机处理系统、加载设备和光学头四部分。

图 4-10　激光散斑检测装置示意图

4.6.1　激光光源

　　光源的质量是决定散斑图质量的一个重要因素。通常选用波长在可见光区范围的激光器作为散斑错位干涉法的光源。激光器的种类有 He-Ne 或氩离子等气体激光器、半导体激光器、半导体泵浦固体激光器。

　　气体激光器的光场质量通常比较好，但是激光器本身的体积比较大，对所处环境的要求也较高。如果是现场检测，这种激光器很难直接用于照明，因此需要运用光纤传输技术将激光光波从激光器中引导至光路中。目前为止，光纤传输虽然在游乐场中的运用较多，质量也很高，但具有光纤输出的激光器产品却很少，而且仅有的产品价格相当高昂。倘若用于自行组装设备，其稳定性往往得不到保证。

　　半导体激光器，相比于气体激光器，不仅具有体积小的优点，而且价格也比较低，特别适合应用在便携式的检测系统中。因为错位干涉法对光波相干性的要求较低(往往几个毫米便可满足要求)，因此虽然半导体激光器的相干性比不上 He-Ne 等气体激光器，但仍能够满足要求。半导体激光器其自身也存在着缺点，主要有两个：一是输出功率有限，通常输出功率在 20mW 以下的较为常见，而在 30mW 之上的成熟产品要在国内买到比较困难，从半导体技术发展的方面来看，半导体激光器的输出功率仍有一定提高的空间；二是其光场是细长的椭圆发散光，要是想得到一个较均匀的光场，就必须用一个合适的柱面镜对发出的光束进行单向扩束。

　　半导体泵浦固体激光器是一种光场质量好、体积小、功率大的新型激光器，在干涉技术测量领域里有很好的应用前景。国外成熟产品的输出功率可以达到数瓦，并且相干性和光场模式都比较理想，但价格都比较高。近年来，国内也推出了一些相对较为成熟的产品，最高输出功率也能够达到 300mW 左右。因为这类产品出现得比较晚,价格要比传统的 He-Ne 激光器高一些,因此目前还没有见到有在激光散斑检测法中使用的。但是单单从性能参数上看,半导体泵浦激光器这类激光器对激光散斑无损检测方法来说是非常合适的。

为了尽可能地保证检测效果,本书选用的激光器是进口的激光二极管,该激光二极管具有 50mW 的输出功率,能发射出波长为 655nm 的红色可见激光。

4.6.2　计算机图像处理系统

激光散斑检测装置的计算机数字图像处理系统是由 CCD 摄像机、图像采集卡、PC 机和计算机等通用数字图像处理硬件以及专用图像采集与处理软件组成。在激光散斑技术中,对图像采集卡有一个特殊的要求:能够进行实时的图像相减运算。具有实时图像相减运算的图像卡种类不太多。这一功能用于实现干涉条纹图的实时显示,便于现场检测,提高了检测效率。同时,由于人眼对运动目标更为敏感,实时条纹显示对缺陷的识别也有很大的帮助。市面上有多种实时采集的图像卡,可以实时将图像采集到计算机内存。但这种卡在采集过程中不能同步显示,而且不具备实时减的功能,不能进行两次曝光的图像处理。

CCD 摄像机应选用高灵敏度和高分辨率的产品。本书选用的 CCD 摄像机是北京嘉恒中自图像技术有限公司的 AM1430 系列,像素数为 1392×1044。条件允许的话,可选用更高的分辨率会有效地提高图像的分辨率。

采集卡为 PCI-DAS4020 型。四路高速模拟通道、AD 转换器、触发或门控源通道、系统定时控制器、DA 转换器、24 位数字量输入输出口、双口 32K×24 静态 RAM 以及 PCI 总线控制器。

计算机内存容量 2G,硬盘容量 160G。

4.6.3　加载装置

在检测中采用了宽音频非接触性加载、真空加载和热加载三种加载方式,相应的加载装置如下。

1. 宽音频非接触性加载装置

对宽音频非接触性加载装置而言,目前市场上没有符合检测要求的相关的成品装置,因此应用了航空装备无损检测中心研制的宽音频非接触性加载系统,该系统适用于非接触加载条件下检测复合材料结构和其他材料结构,可用于检测传统热加载和真空加载检测系统无法检测的结构。

该加载装置是由计算机、数据采集卡、音频信号发生器、功率放大器以及大功率扬声器组成,其工作过程主要是:通过计算机远程操作数据采集卡以控制音频波形发生器发出正弦波信号,再经由功率放大器将信号放大后传给大功率扬声器,最后扬声器发出符合检测要求的声强,以便检测。

2. 真空加载装置

真空加载装置的类型有大型真空室和便携式真空吸附加载箱两种:前者可将整个待测构件放置在真空室里面,真空室内装有机械移动机构,上面可放置光学头,利用机械移动机构可移动光学头,以实现对整个构件的检测;后者主要用作大型构件的现场检测,比如对飞机和火箭之类的现场检测,检测时借助移动的箱体完成对构件的逐片测量从而实现对整个构件的检测,这种加载箱对激光功率的要求较前者小,每次的检测面积也比前者小,因此每次的检测效率要低一些。本书用的真空加载装置是便携式真空吸附箱。

3. 热加载装置

热加载法通常使用红外灯或电吹风作为加热装置,也有使用激光加热的报道。本书选用两个110V的卤素灯作为加热装置,该灯可以发射共计1000W的可见光和红外能量辐射。通常在检测时,若长时间加热或频繁地使用热加载,都会使检测部件因温度过高从而影响检测结果,目前为止遇到这种情况时的解决方法都是等待一定的时间让部件自然冷却,具体时间的长短全凭操作者的个人经验,为了防止检测过程中发生部件过热的情况从而影响检测结果,也为了检测时加热温度的可控性,特地在加热装置中设计添加了一个热加载控制开关,当加热灯温度超过限定温度时,控制开关会自动切断加热灯的电源,限定温度可预先设定。为了尽量减少检测时热关断的发生,使用时要求尽可能地避免长时间或者是频繁地使用热加载。

4.6.4 光学头

激光散斑检测法的光路比较简单,为了便于现场检测应用,将激光发射器、错位光学镜片和CCD摄像机组合并固定到一起,这部分光学系统被称为光学头。普通的错位散斑仪光学头光路布置如图4-11所示。带有偏振相移的错位散斑仪光学头如图4-12所示。本书中采用的是普通的错位散斑仪光学头。

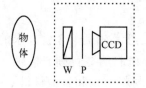

W:渥拉斯棱镜 P:偏振镜

图4-11 普通错位散斑仪
光学头光路布置

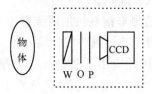

W:渥拉斯棱镜 Q:1/4波长

图4-12 带有偏振相移的
错位散斑仪光学头

4.7 激光散斑检测应用

4.7.1 蜂窝结构叶片的检测

图 4-13 为铝蜂窝结构的直升机叶片的激光散斑检测结果,检测时间 5s,检测到多处大小不一的气泡、脱黏等缺陷。

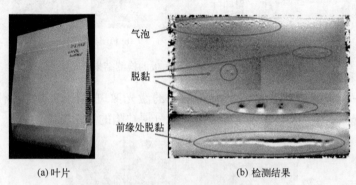

(a)叶片　　　　　　　　　　(b)检测结果

图 4-13　铝蜂窝叶片的检测结果

图 4-14 是对铝蜂窝结构的直升机旋翼叶片的激光散斑检测结果,由于激光散斑检测法每次检测的区域较小,因此采用多次分区域检测,最后再将检测结果进行组合处理得到最终的散斑图,检测总共用时 30s,检测到一总长为560.4mm 的脱黏缺陷。

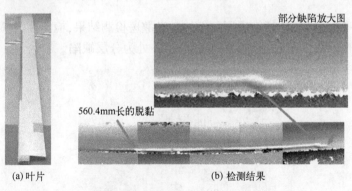

(a)叶片　　　　　　　　　　(b)检测结果

图 4-14　旋翼叶片的检测结果

4.7.2 层压结构部件的检测

图 4-15 是直升机机身层压面板(高强度玻璃纤维蒙皮试件)的激光散斑检

测结果,检测结果是由分区域多次检测得到的结果拼接而成,检测累计用时20s,检测结果中显示的是面板上表面的一组脱黏缺陷、蒙皮铆钉和背面桁条。

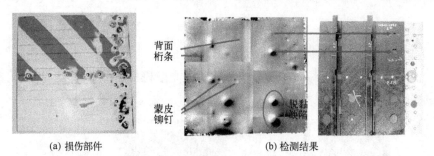

(a) 损伤部件　　　　　　　　　　　　(b) 检测结果

图 4-15　机身层压面板的检测结果

图 4-16 是直升机复合材料层压前缘的激光散斑检测结果,检测用时 4s,图 4-16(a)检测结果中的标记区域内即为分层缺陷的显示。

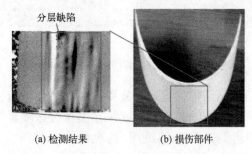

(a) 检测结果　　　　　　(b) 损伤部件

图 4-16　复合材料层压前缘的检测结果

图 4-17 是机翼碳纤维层压面板的激光散斑检测结果,检测用时 6s,检测出了两处损伤缺陷,一处为撞击损伤缺陷,另一处为分层缺陷。

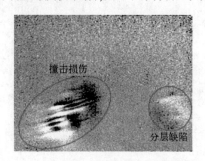

图 4-17　机翼碳纤维层压面板的检测结果

从以上几个检测结果可以看出,散斑图中缺陷清晰可见,说明本书所采用的技术手段与图像处理方法是可靠有效的,同时也说明激光散斑检测方法完全可以用于检测各种类型的复合材料构件,而且对不同类型的缺陷具有辨识能力,能够辨别修补与缺陷,并且该检测方法检测速度快、非接触、对部件无污染无损伤、不易漏检。

4.7.3 不同损伤类型的检测结果对比

图 4-18 所示的是对损伤情况不同的铝蜂窝面板的检测结果对比,从对比图可以看出,激光散斑检测法可以较好地区分不同类型的缺陷,尤其是能够识别缺陷和修补,不会将修补误判。从理论上讲,激光散斑检测法可以检测出各种不同类型的缺陷,包括面板与蜂窝之间的脱黏、面板内部分层开胶、蜂窝芯格变形、拼接裂纹、气泡、冲击或撞击损伤、渗水、腐蚀、外来物等特点的损伤。

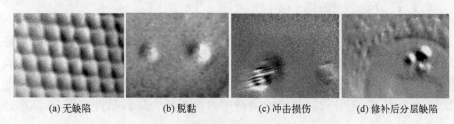

(a) 无缺陷　　　　(b) 脱黏　　　　(c) 冲击损伤　　　　(d) 修补后分层缺陷

图 4-18　不同损伤类型的检测结果对比

从检测结果可以看出,激光散斑检测方法较以往检测方法具有快速、准确的优点,能够适用于各种结构类型和结构形式复合材料构件的检测,能检测出多种不同类型的损伤和缺陷。

第5章　飞机复合材料红外检测

5.1　红外检测原理与特点

5.1.1　热波传播行为

　　复合材料红外检测主要是基于物体的红外辐射特性,利用红外热成像原理,通过对被检测复合材料结构进行有效的热加载,在被检测复合材料结构表面形成一定能量的入射热波。部分入射热波能量在被检测复合材料制件表面形成反射和热波,部分入射热波能量透过被检测复合材料制件表面,在其内部形成透射热波。

　　(1) 当被检测复合材料制件表面和内部呈现均匀热物理特性,在其表面和内部没有缺陷时,反射热波会在被检测复合材料制件前表面形成均匀分布的温度场;当透射热波的能量足够大,且能够透过被检测复合材料制件时,透射热波会在被检测复合材料制件底表面形成均匀分布的温度场。

　　(2) 当被检测复合材料制件表面和内部呈现均匀热物理特性,但在其内部有隔热性时,透射热波将会在隔热性缺陷部位被反射,形成反射热波,并与入射声波在被检测复合材料制件前表面形成的反射热波相遇产生叠加或干涉,从而使对应缺陷部位的温度升高,使原来均匀分布的温度场发射改变,即使得温度场分布变得不均匀;当透射热波的能量足够大,且能够透过被检测复合材料制件时,透射热波会在隔热性缺陷部位难以透过,从而会在被检测复合材料制件底表面对应缺陷部位的温度降低,同样原来均匀分布的温度场发射改变,即使得温度场分布变得不均匀。

　　(3) 当被检测复合材料制件表面和内部呈现均匀热物理特性,但在其内部有导热性缺陷时,将会使更多的透射热波能量传播到被检测复合材料内部,从而使被检测复合材料制件前表面对应缺陷部位的温度降低,使原来温度场分布变得不均匀;当透射热波的能量足够大,且能够透过被检测复合材料制件时,会有更多的透射热波能量在导热性缺陷部位通过,从而会让被检测复合材料制件底表面对应缺陷部位的温度升高,使原来温度场分布变得不均匀。

因此,只要通过有效热波激励方式,在被检测复合材料中产生有效的热波传播,通过有效红外探测方法和探测器接收到来自被检测复合材料表面的可识别的温度场分布,即就有可能实现复合材料的红外热波检测。

5.1.2 检测原理

复合材料结构红外检测是基于来自其表面的热波量引起的温度场变化与缺陷之间的热物理联系进行的无损检测,当被检测复合材料结构表面下的材料组织、物理结构、连续性(如存在缺陷)等发生变化时,会改变其周围热物理特性的均匀性,使透射热波反射/透射加强或减弱,从而改变被检测复合材料结构表面(包括前表面和底表面)的温度分布,利用光电红外探测器,如红外热像仪,将来自被检测复合材料结构表面温度场分布转换为热图像,在计算机屏幕进行成像显示,通过对图像的分析,进行检测结果和缺陷的评定。

通常复合材料结构都有一定的厚度,且导热性不好,透射热波传播到被检测复合材料结构的底表面的热能非常微弱,甚至难以探测到可识别的无损检测用的热波信号,因此目前主要是利用来自热加载一侧的热波能量引起的表面温度场的分布进行复合材料结构红外检测。

在多数情况下,复合材料结构自身不会产生可识别的红外热辐射,因此,复合材料红外无损检测通常需要对其进行有效的热加载。复合材料结构红外检测的系统基本构成主要包括热加载装置、红外热像仪、计算机成像系统和分析软件等。利用计算机控制的高能闪光灯、热风、超声、微波、电磁等热激励方法和激励装置对被检测复合材料结构进行热加载,在被检测复合材料结构表面形成具有一定能量的热波,热能向材料内部传播。如果材料内部均匀,不存在非连续性缺陷,则热能在被检测复合材料结构中均匀传播,其表面温度场分布也均匀。如果被检测复合材料内部或者结构内部存在热物理性能不同于零件材料的非连续性变化或缺陷,此时透射热波将会在其周围产生热波反射和散射,当这些反射热波传播到被检测复合材料表面时,会以某种方式,如叠加或者干涉,通过在被检测复合材料结构表面的温度场上反映出来;利用红外探测器,如热像仪对被检测复合材料结构表面温度场实时捕捉后,通过图像采集、特定算法处理后形成反映材料内部缺陷分布的灰度/彩色图像。因此,利用红外检测,其根本是由于缺陷的存在影响物体表面温度场分布,利用红外探测装置对表面温度场进行捕捉成像,然后根据所获得的热图像对零件内部缺陷进行检测与识别。

5.1.3 检测特点

广义上,红外热成像检测作为一种无损检测方法,具有以下基本特点:

（1）非接触性。红外检测的实施不需要接触被检目标,被检物体可静可动,可以是具有高达数千摄氏度的热体,也可以是温度很低的冷体。所以,红外检测的应用范围宽广,且便于在生产现场进行对设备、材料和产品的检验和测量。

（2）安全性极强。由于红外检测本身是探测自然界无处不在的红外辐射,因此它的检测过程对人员和设备材料都不会构成任何危害;而它的检测方式又是不接触被检目标,因而被检目标即使是有害于人类健康的物体,也将由于红外技术的遥控检测而避免了危险。

（3）检测准确。红外检测的温度分辨率和空间分辨率都可以达到相当高的水平,检测结果准确率很高。例如,它能检测出 $0.1℃$,甚至 $0.01℃$ 的温差;它也能在数毫米大小的目标上检测出其温度场的分布;红外显微检测甚至还可以检测小到 $0.025mm$ 左右的物体表面,这在线路板的诊断上十分有用。从某种意义上说,只要设备或材料的故障缺陷能够影响热流在其内部传递,红外检测方法就不受该物体的结构限制而能够探测出来。

（4）操作便捷。由于红外检测设备与其他设备相比比较简单,但其检测速度却很高,外探测系统的响应时间都是微秒(μs)或毫秒(ms)级,扫描一个物体只需要数秒或数分钟即可完成,特别是在红外设备诊断技术的应用中,往往是在设备的运行当中就已进行完了红外检测,对其他方面很少带来麻烦,而检测结果的控制和处理保存也相当简便。

但作为复合材料的检测,目前主要是在外场蜂窝结构的积水、复合材料结构损伤以及特殊的复合材料胶结结构等有一定的应用潜力。

目前,红外检测技术在复合材料无损检测中应用还处于推广阶段,许多相关的红外检测技术有待进一步突破。未来在以下几个方面有一定的研究发展空间:

（1）可量化控制、适合工程化应用的红外热加载技术,已有的一些红外加载技术,特别是用于复合材料结构红外检测的热加载技术还有待从工程化层面进行改进和提高。

（2）面向外场检测复合材料结构的工程级的红外热成像检测技术及其仪器设备,现有的许多红外检测系统多适用于实验室,未来需要能够真正可以用作外场定检的红外检测设备。

（3）复合材料结构红外热成像结果快速分析与缺陷判别技术。

（4）经过足够的可检性验证,面向复合材料结构的适用性、操作性较强的红外热成像检测技术及其检测标准研究制定等。

5.2 红外检测设备

5.2.1 红外探测器的特性参数

红外辐射照射到物体上时会由于热效应使物体产生温度和体积变化,也会由于电效应上物体的电学性质发生变化,凡是能把红外辐射能量转变成另一种便于测量的器件,就称为"红外探测器"。近代的测量技术,一般都是红外辐射能量转变成电量来测量,这样比较方便和精确。

区别一个红外探测器的优劣,主要有以下几个参数。

1. 响应率

红外探测器的输出电压和输入电压的红外辐射功率之比,称为响应率。单位为伏/瓦,通常用微伏/微瓦。当测量红外探测响应率时必须符合下列条件:

(1)用 500K 的黑体辐射作为辐射源。

(2)输入的红外辐射的强度要进行"正弦调制",改造成按正弦变化的强度。这样输出的电压也是按正弦变化的交变电压。

(3)输入的辐射功率与输出的电压,都要用均方根值。

(4)输出电压必须用开路电压,以避免线路因子的影响。

(5)输入辐射功率的大小,必须选择在输出电压与输入辐射功率成正比的范围内。

当进行测量时,必须遵守这些条件,并标出辐射源的黑体温度和辐射的波长及正弦调制频率。如 $R(500,\lambda,800)$,R 代表响应率,其值为

$$R = S/P$$

式中:S 为输出电压(微压);P 为输入的红外辐射的功率(微瓦)。

2. 影响波长范围

红外探测器的响应率 R 和入射辐射的波长 λ 有一定的关系。如图 5-1 所示的 R—λ 变化曲线称为分谱响应曲线,它表示它们关系中有一个最大值,在波长为 λ_p 时,响应率最大。波长小于 λ_p 时,响应率急剧下降至 0。我们把下降到最大响应的一半时的波长 λ_c 称为"截止波长",或"长波限"。表明这个红外探测器使用的波长,最长不超过 λ_c。

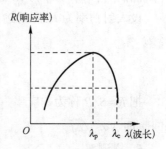

图 5-1 红外探测器的分谱响应曲线

3. 噪声电压

在红外探测器的输出端,接一个电子类放大器,把它的输出接到示波器上以观察输出电压的波形,如图 5-2 所示,假设入射辐射已经调制成正弦波。当辐射功率较大时,在示波器上显示按电压的正弦波形,降低入射辐射的功率某一数值以下时,放大器放大倍数纵然增加,电压的正弦波形已模糊不清。再度降低辐射频率时,波形就杂乱无章了,电压的正弦波形看不出来。

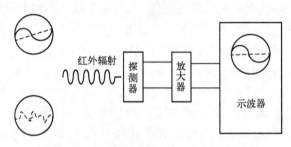

图 5-2　红外探测器的噪声电压示意图

上面这种现象不是探测器不好或放大器不好所引起的,而是任何一个探测器所固有的不可避免的现象,我们称之为噪声。噪声电压是指红外探测器输出端存在毫无规律的、无法预测的电压起伏。噪声电压用均方根值来表示,可用仪器来识别。红外探测器只有当辐射入射功率产生的电压信号至少大于探测器本身的噪声电压时才能识别。

4. 噪声等效功率

我们把输出电压恰好等于探测器本身噪声电压的红外辐射功率称为噪声等效功率(NEP)。它仅仅是一个理论界限。因为如果掌握噪声是无规律的而入射信号是有规律的测试技巧的话,即使远小于 NEP 的辐射功率也能探测到。一般测试时,入射功率为 NEP 的 2~6 倍。

设入射功率为 P,测得输出电压为 S,探测器的噪声电压为 N,噪声等效功率为

$$NEP = \frac{P}{S/N} = \frac{N}{R}$$

把 $R = S/P$ 称为响应率。而噪声电压 N 还和放大器的带宽 Δf 的平方根成正比,即 $N \infty \sqrt{\Delta f}$。

5. 探测率

噪声等效功率基本上可以用来表示一个红外探测器的探测能力,但还不能比较两个不同来源的探测器的好坏。因为 NEP 与探测器的敏感元面积 A 的平

82

方成正比,与带宽Δf的平方根也成正比,我们把$\sqrt{A\Delta f}/NEP$称为探测率D^*,它是和$A\Delta f$都没关系的另一个特征参数。

$$D^* = \frac{\sqrt{A\Delta f}}{NEP} = \frac{S/N}{P}\sqrt{A\Delta f} = \frac{R}{N}\sqrt{A\Delta f}$$

上式制定的探测率,原则上是探测器敏感元的面积无关,与放大器的带宽也无关,它的数值越大就表明探测器的性能越好。在说明一个红外探测器的探测率时,必须注明辐射源的性质、调制频率和放大器带宽。规定写法是D^*(辐射源,调制频率,带宽),例如,以500K黑体作为辐射源,调制频率为800Hz,放大器带宽为1Hz时的探测率符号写为$D^*(500K,800,1)$。如辐射源是响应峰波长的单色辐射,则单色探测率写为$D^*(\lambda_p,800,1)$,其中λ_p是一个波长的数值。事实上实际测量的是500K黑体探测率,而单色探测率是换算来的。

6. 响应时间

当红外辐射照到探测敏感元的面上时,要经过一定的时间,探测器的输出电压才能上升到与辐射功率相对应的稳定值。同样,入射辐射去除后,输出电压也要经过一定时间才能降下来。一般来说,这段上升或下降的延滞时间是相等的,我们称它为探测器的响应时间。

在实际使用时,红外探测器还和工作温度、工作时间的外加电压或电流、敏感元的面积和电阻有关。

5.2.2　光电类红外探测器

按工作原理,红外探测器分光电探测器和热敏度探测器两大类。

光电探测器是利用红外辐射的光电效应制成的,是一种对波长有选择性的探测器,仅对具有足够能量的光子有响应,也就是它的频率必须大于某一值才能产生光电效应。换成波长来说,光电效应的辐射有一个最长的波长限存在。因此,一般地来说光电探测器的响应光谱不如热敏探测器宽。但因其采用光敏元件,因此它有较高的灵敏度和较快的响应时间。另外,有些光电探测器为了保证其工作性能,需要在低温工作,在探测器之外还要配置制冷机一起工作。

在红外探测中光电类探测器一般采用半导体的光电效应,一是辐射引起半导体的电导率增加的光电导效应;二是辐射引起半导体产生电动势的光生伏特效应。可以利用这两种效应制造光电类的红外探测器。

5.2.3　热敏类红外探测器

热敏探测器是利用红外辐射的热效应制成的。从光谱响应角度来看,可以对全部波长都有响应。因此,又称其为无选择性探测器。这里采用热敏元件,所以它的响应时间要比光电探测器的要长得多,并且探测率也较低。而就一般的热敏探测器来说,要同时取得高灵敏、快响应很难。然而,新型的热释电探测器的出现及发展初步揭示了解决这一矛盾的可能。

1. 热敏由阻型红外探测器

红外辐射照射物体会产生热效应,使物体温度升高,而半导体却因电子温度升高会降低它的电阻。热敏电阻型红外探测器与光电型红外探测器在应用电路中的作用类似,即同样把入射红外辐射信号转变成为输出电压。但是它们两者之间的物理过程是不一样的。热敏电阻在受到辐射照射时,首先是温度升高,然后是电阻改变。因此在考虑热敏电阻型红外探测器的结构时,首先要考虑它的热传感的问题。为使在一定功率的红外辐射照射下,探测器敏感元件能有较大的温度上升,设法把敏感元件做的很薄。为使入射辐射功率能尽可能被薄片吸收,通常在薄片表面加一层黑色涂层。热敏电阻型红外探测器的结构如图 5-3 所示。

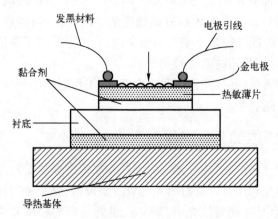

图 5-3 热敏电阻型红外探测器的结构

当一定功率的红外辐射投射到热敏薄片上时,立即被表面黑色涂层吸收,使薄片温度升高、电阻下降。当薄片温度升高超过周围环境温度时,薄片的热量会以几种方式散发出去,主要是通过衬底把热量传到热基体。导热基体是一导热良好的金属块,它能始终保持它的温度和环境温度一样,把多余的热量传导出去。当薄片的温度升高到传导损失的热功率正好等于它所吸收的辐射功率时,薄片的温度就达到一个稳定值,薄片的电阻也跟着达到一个稳定值。薄片电阻的改变最终使输出电压改变。输出电压所达到的稳定值就反映出入射辐射的功率。从辐射照射开始到达稳定状态的时间常数,称为热敏电阻型探测器的响应时间。制造探测器时可选择衬底的热导性能来控制探测器的响应时间和响应率。

制造热敏薄片的材料是用锰、镍、钴等金属化合物配置而成的。在室温附近，温度每升高 1℃电阻约改变 4%。热敏电阻型红外探测器的探测率和响应时间都比光电探测器差。但是，它对各波长的入射辐射都能全部吸收、具有相同响应率的"无选择探性测器"。它能在温室下工作，对 8~14μm 红外辐射的探测率高于光电探测器探测不到。

2. 温差的电偶红外探测器

探测器利用热电偶的原理，如图 5-4 所示，两种不同导体两头相接时，如两个接头处于不同温度，电路内就产生温差电动势。假如在一个接头上加一片黑体，会由于红外辐射而升高温度，电偶接头温度也随之升高。产生的温差电动势大小就反映出入射的红外辐射功率的大小。这就是温差电偶型红外探测器。

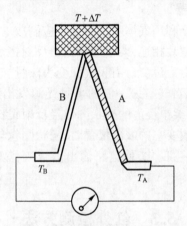

图 5-4　温差电偶型探测器示意图

温差电偶的材料从原来的锑、铋之类金属改用合金型的半导体材料。如一臂用铜、银、锑、硒、硫的合金 P 型材料，另一臂用硫化银和硒化银的 N 型材料。电偶和小黑体都密封在高真空管内，管上带有让红外辐射透射进去的窗口。温差电偶型红外探测器比较娇嫩，只适宜于实验室使用。

3. 热释电型红外探测器

利用"铁电体"的电介质的自发极化强度会因温度升高而降低的原理制造的热敏类红外探测器称为"热释电型红外探测器"，如图 5-5 所示。当红外辐射照射到已经极化好的铁电薄片上时，薄片温度升高极化强度降低，因而表面电荷减少相当于释放一些电荷，释放的电荷用放大器转变成输出电压。在薄片温度升降的过程中有输出信号，而当薄片温度升到稳定值时，输出信号就停止。这是热释电型红外探测器的特点，为此热释电型红外探测器能作为辐射时间短于热平衡时间常数的快速探测器使用。

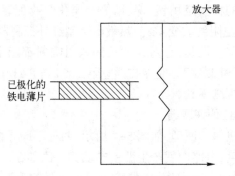

图 5-5　热释电型红外探测器电路

4. 气动型红外探测器

气动型红外探测器是利用气体受热膨胀效应制成的。探测器有一个气室，以一个小管道同一柔性镜片相连，柔镜的背面是反射镜。气室的前方是一个低热容的吸收膜。红外辐射穿过窗口由吸收膜变为热量加热室中的气体，气体受热膨胀，迫使柔镜鼓出。当气室另一侧的可见光源发出的一束可见光，通过栅型光澜聚焦在柔镜上，由柔镜反射的栅状图像经反射镜作用在光电管上。柔镜随气室温度压力变化而改变它的鼓出位置时，栅状图像与栅状光阑发生相对位移，光电管接收的光量发生变化，使电路输出信号随着发生变化。这样红外辐射的强弱就显示出来了。

5.3　红外检测方法

5.3.1　反射式和透射式红外检测方法

红外无损检测技术经过多年的发展，已经形成多种红外检测方法，按照红外热波接收方式，可分为反射式红外检测方法和透射式红外检测方法。

1. 反射式红外检测方法

热波激励方向与热波接收方向位于被检测对象的同一侧，采用有效的热激励方法和热激励装置对被检测复合材料零件进行热激励，经过一定时间的热平衡后，在被检测复合材料零件表面形成一定的温度场，利用红外探测装置，如热像仪，在激励装置同一侧对来自被检测复合材料零件表面的红外辐射进行捕捉和采集，并进行计算机成像显示。目前，复合材料红外检测主要是采用这种方法。

2. 透射式红外检测方法

热波激励方向与热波接收方向分别位于被检测对象相对的两侧，利用有效的热激励方法和热激励装置在一侧对被检测复合材料零件进行热激励,热能在零件内部传播后到达其另一侧,利用红外探测器在零件的另一侧接收来自被检测零件的红外辐射,经图像采集处理后,进行红外检测图像显示。采用这种红外检测方法,要求激励热波能够有效地透过被检测对象,且其两侧红外探测器非接触可达,由于复合材料属不良导热体,且通常复合材料零件都有一定的厚度,因此一般难以采用这种红外检测方法。

5.3.2 被动式和主动式红外检测方法

按照热激励方式,红外检测方法可分为被动式红外(Passive IR)检测方法和主动式红外(Active IR)检测方法。

1. 被动式红外检测方法

利用被检测对象自身的热辐射进行检测,适用于存在明显的热辐射行为的被检测对象,无须外在热激励源。例如,高压输送电缆的检测、一些在役设施的故障检测与监测等。被动式红外检测通常要求被检测对象能够产生工程上可识别的红外辐射行为。

理论上,只要材料温度高于热力学温度零度时,其分子都在不停地做无规则热运动,并产生热辐射。因此,原理上,在室温情况下,被检测复合材料零件可辐射出红外线,但对于工程应用中的红外无损检测,这种室温条件下的红外辐射通常远不能达到工程上可识别的红外辐射强度。

2. 主动式红外检测方法

适用于那些工程上不能产生可识别的红外辐射行为的检测对象,通常需要采用特定的激励方法和热激励装置对被检测对象或者部位进行热加载,使其产生工程上可识别的红外留影行为,主要用于不会主动产生工程上可识别的红外辐射行为的零件的红外检测。复合材料结构目前主要是采用主动式红外检测。

主动式红外检测方法按照热激励源(或热加载方式)的类型可分为:①热波加载的红外检测方法;②微波加载的红外检测方法;③超声加载的红外检测方法;④电磁感应都载的红外检测方法。目前,树脂基复合材料蜂窝结构主要是采用热波加载的红外检测方法。

在上述红外检测方法中,其中基于超声热加载的红外热成像检测技术(简称超声红外检测技术)和基于电磁感应热加载的红外热成像检测技术属一种新的红外检测方法(简称电磁感应红外检测技术)。

1) 超声红外检测技术

超声红外检测是采用超声激励技术与红外检测技术相结合的一种红外检测方法。利用超声激励装置激发低频超声脉冲,低频超声脉冲在材料表面引起机械振动,机械振动传播至零件内部,机械振动一方面向前传播,部分机械能转化为热能。如果零件内部存在缺陷,其引起的热弹效应和迟滞效应使得材缺陷区域温度升高。利用红外探测器对被检测零件表面温度分布情况进行探测、捕捉,经采集到计算机后,进行计算处理转化为反映缺陷分布的图像,从而实现缺陷的检测。超声红外检测相比于其他的红外检测,其灵敏度更高。裂纹检测一直是无损检测领域的难题,超声红外检测对于近表面的裂纹检测具有明显效果。超声红外检测系统较为复杂,操作不便。但是,由于其综合了超声、红外的优点,未来有一定的发展前景。

超声红外检测中,也可以直接利用声振激励装置与被检测零件接触耦合,进行声振激励,它通过声(振)源对被检测试件施加声波(振动)激励,使试件内部的质点在外加的声振激励作用下产生振动,因缺陷表面质点的相对运动而摩擦生热,从而造成缺陷对应部位的温度场异常变化,由此指示缺陷的存在,这种方法也称为声振热像法。声振热像法主要适用于检测裂纹类缺陷,其不足之处在于激励源与被检测对象须进行接触耦合,两者之间的耦合状况对检测结果影响很大,因而目前该方法的重现性较差。

2) 电磁感应红外检测技术

电磁感应红外检测是基于电磁激励原理对被检测零件进行热加载的一种主动式红外热像检测新方法,对导电性复合材料的红外检测,未来有一定的发展潜力。

电磁热加载是利用电磁感应原理,被检测试件在电磁激励作用下因涡流效应而生热,而缺陷的存在会影响涡流的分布,从而影响试件表面的温度场。用红外热像设备获取被检测试件表面温度场,即可推断试件(近)表面或内部是否存在缺陷。电磁激励不需要使激励源与被检测试件进行接触,属非接触式激励方法,故不存在声振激励因耦合不稳定而造成检测的重复性较差的问题。电磁激励也可对试件进行局部的激励,不用考虑激励的均与性问题,也不需要有无缺陷区域的温度场作参考。此外,电磁激励加热还具备以下优点:

(1) 加热速度快。电磁激励过程主要是依靠电流感应透热和传导的方式实现,在很短时同内可将工件加热到预期温度。

(2) 热损少、加热效率高。激励过程中能量的传递以电磁波的形式进行,受外界的干扰小,能量的扩散少,可提高能量的利用率和加热热效率。

电磁感应红外检测技术有望获得涡流检测和红外热像检测两者的综合优势(涡流检测易于实现自动化,红外热像检测结果直观),不仅可在一定程度上克服传统红外热像检测中的激励不均匀以及激励的稳定性和重复性差等问题,使红外热像检测的优势真正得以发挥,还将有可能使红外热像无损检测设备更加轻巧,检测速度更加快捷,检测灵敏度和自动化程度得以提高。在导电材料(整体导电材料或导电夹芯复合材料,如金属蜂窝夹芯复合材料),特别是形状复杂的导电构件的(近)表面缺陷(如裂纹、分层、脱黏)检测,以及对大型导电复合材料构件的在役检测方面具有潜在的应用前景。

5.3.3 脉冲和锁相红外检测方法

按照红外检测原理,红外检测方法可分为脉冲红外检测方法(Pulsed Thermoraphy)和锁相红外检测方法(Lock-in Thermography)。

1. 脉冲红外热成像检测方法

脉冲红外热波检测技术是目前最成熟、应用最广泛的红外检测方法,脉冲红外检测在 20 世纪 80 年代由英国哈尔维国家无损检测中心提出。脉冲红外热成像检测是采用高能脉冲闪光灯作为激励热源,利用脉冲闪光灯对被检测零件加热后,利用材料中缺陷区、无缺陷区热流的不均匀性引起零件表面温度变化进行缺陷无损检测。脉冲红外检测方式简单实用,单次检测面积大,检测速度快。适合检测平板类零件的红外检测,对于结构复杂的零件检测具有一定的困难,并且对于热源均匀性要求较高,受零件的表面反射率和光照影响较大,对于较深的缺陷、疲劳损伤不易检测。脉冲红外检测方法的主要特点是检测速度较快,但需要有无缺陷区域的温度场作参考,这又对脉冲红外热像检测的实际应用带来了不便。

2. 锁相红外检测方法

锁相红外热成像检测技术由德国 G·巴斯于 1992 年提出。锁相红外检测技术其热激励方式不同于脉冲红外检测。锁相红外检测,是利用控制系统使热激励装置激发的光强呈特定频率的周期性(如正弦)规律变化,利用该变正弦辐射热波对被检测零件进行热波加载,入射热波到达被检测零件表面,透射到其内部形成透射热波,且透射热波会产生一定的相移,当透射热波遇到缺陷时,会产生反射热波,并传播到被检测零件表面与入射热波产生干涉现象,从面使对应缺陷部位的表面温度场出现干涉条纹,通过锁相红外热像仪对被检测零件表面干涉后形成的温度场进行探测、采集,再通过傅里叶变换进行处理运算,进行零件表面温度场幅值、相位的分析,即可以获得反映缺陷分布的图像。相比于脉冲红外检测,锁相红外检测受零件表面状况影响小,不受加热不均匀的影响,对于深层缺陷检测具有较好的检测灵敏度。激励装置激发的能量可控性强,在特殊需求场合可以发射较低的能量以保护零件不受损伤。但是,锁相红外检测缺点是所需处理的数据量较大,检测时间更长,检测效率低。

5.3.4 影响红外检测灵敏度因素

利用红外热像技术进行无损检测,影响其缺陷检测灵敏度和缺陷检出能力主要因素有红外热像仪、热加载、检测方式等。

1. 红外热像仪

通常红外热像仪的温度分辨率达到 0.1℃ ,测温范围在 20~140℃ ,帧像素达到(256×8)bit 时,基本可以满足复合材料红外热成像无损检测的要求。但是,当红外热像仪的扫描速度小于 25 帧/s 时,则其响应速度太慢,不易在最佳时间内检测出缺陷处的最大温差,不适合应用于红外热成像无损检测。目前,用于复合材料红外检测的热像仪的温度分辨率甚至可以达到 0.01℃ 或 0.05℃ ,但其成本会急剧增加。有些高精度的红外热像仪还需要专门液氮冷却,对外出环境条件下的复合材料红外检测非常不方便。因此,需要在检测灵敏度和热像仪的技术性能及成本等之间进行平衡选择。

2. 热加载

用于红外检测的热加载方法及其热加载装置有多种,在进行红外热成像无损检测时,通过热加载装置将能量发射到被检测零件中,利用被检测零件中的缺陷区域与完好区热传导的差异形成的零件表面温度变化,通过红外热像仪获得反映被检测零件表面温度场的图像。计算分析表明,当采用热脉冲激励时,脉冲热激励源功率越大,红外检测灵敏度越高。如果热激励装置发射的是周期性频率能量,则在低频率热激励时,其检测效果更好,即采用低频率激励装置可以获得最佳的红外检测效果。

3. 检测方式

1)能量发射方向

通过热激励装置向被检测零件发射能量,如果入射能量相对于被检测零件表面倾斜入射,则零件表面接收的能量分布不均匀,从而影响检测结果;如果热激励装置发射的入射能量与零件表面平行,由零件一侧进入在另一侧冷却成一恒定温,这样可以使零件表面受热均匀,从而可以较好地检测出缺陷的大小和分布位置。采用反射检测时,适用于几何形状复杂的零件。采用透射式检测时,检测灵敏度较高,适合于导热系数较高的铜、银等金属材料或导热性能差的陶瓷以及复合材料零件,此时,需要透射热能在被检测零件的另侧形成可识别的红外辐射。

2)零件表面状态

零件表面状态也是影响零件红外检测灵敏度的重要因素,零件表面状态不均匀,则零件向外辐射红外时表面发射率不一致,造成表面各处辐射能的差异,从而影响缺陷的检测。这种情况下,可以采用在零件表面涂刷特定涂料,以改善零件检测效果。值得指出的是,一些残留在零件表面的不同颜色的涂料、漆层、标记、痕迹等,因其具有不同的热物理性能,比较容易在红外图像中产生伪缺陷显示。

3)环境辐射

针对零件进行红外无损检测时,红外探测器所接收到的红外能量主要由被检测零件红外辐射、周边环境红外辐射、大气介质辐射等组成。由于受外界辐射影响,会给缺陷的红外检测识别带来干扰。因此,在实际红外检测中,有时需要对检测环境进行严格控制,采取一些工艺措施来保证零件缺陷区、优区温差不会被外部红外辐射所湮没。例如,检测区不能存在不可控的外部热源(如炉、烤炉、空调出口、白炽灯和运转中的发动机等),宜在机库内无风环境中进行红外检测等。

5.4 红外检测技术应用

5.4.1 复合材料层压结构红外检测

目前,针对复合材料层压结构主要是用超声方法进行无损检测,超声能可靠地检出复合材料中的分层、疏松、孔隙等缺陷,但通常需要耦合介质进行声波传播。特别对于大型复合材料结构外场检测和在役检测,其检测效率越来越难以满足快速检测的需求。理论上,红外检测可以实现复合材料结构的面扫描,从而实现复合材料结构外场非接触快速检测。

1. 工件描述和检测要求

某碳纤维层压结构的工件,如图 5-6 所示,用红外热成像检测技术检测该试件中内部的缺陷情况。

2. 实验设备与检测参数

实验设备如表 5-1 所列。

表 5-1　实验设备

序　　号	设 备 名 称	型　　号
1	红外热成像仪	NDTherm

检测参数如表 5-2 所列。

图 5-6　碳纤维层压结构工件照片

表 5-2　检测参数

加 热 时 间	5s
采集时间	10s
采集帧频	5 次/s

3. 检测实验结果

利用 NDTherm 红外检测设备直接对被检工件进行检测,检测时间大约为 1min。

从图 5-7 中可以明显看出图中有不同形状和灰度的异常部分,经分析发现是材料中的气泡、脱黏、分层等缺陷,即红外检测技术可以检测碳纤维平面材料中的缺陷情况。检测结果表明,采用这种红外检测方法对于碳纤维复合材料层压结构中近表面缺陷有较好的检出能力。

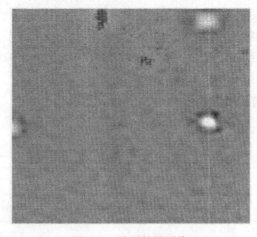

图 5-7　检测结果图像

4. 实验结论和建议

通过实验发现红外检测技术可以检测出碳纤维层压结构中的气泡、脱黏、分层等缺陷,且检测时间较快,证明红外检测技术是这类碳纤维平面材料检测的首选技术方案。

李艳红、张存林也报道过碳纤维复合材料层压结构红外热像检测方法实验研究结果,检测试验结果表明:①不同时间点的图像对比度不同,通过对不同时间点的图像处理,可以获得最佳检测结果图像;②也只能检出比 2.8mm 浅的分层缺陷。因此,利用红外检测方法,对于碳纤维复合材料层压结构深层缺陷难以检出。

5.4.2 复合材料蜂窝结构红外检测

1. 蒙皮—蜂窝芯脱黏缺陷红外检测

复合材料蜂窝夹芯结构是航空、航天领域中非承力部件中大量采用的一类轻质结构。例如,飞机天线雷达罩、整流罩、副翼、平尾等都采用了蜂窝夹芯结构形式。由于蜂窝夹芯结构其蒙皮较薄,其单层蒙皮的厚度一般在 2mm 以内,从缺陷深度分布角度,比较适于采用红外检测技术进行蒙皮—蜂窝芯之间的脱黏、蒙皮分层/损伤等缺陷的检测。

1) 工件描述和检测要求

某碳纤维蒙皮纸蜂窝工件(图 5-8),想要用红外热成像检测技术检测该试件中内部形状和缺陷情况。工件为碳纤维蒙皮,内部纸蜂窝结构。用相控阵设备未能发现缺陷。通过射线和红外检测之后,发现在图中用黑色记号笔标记的地方有疑似缺陷。

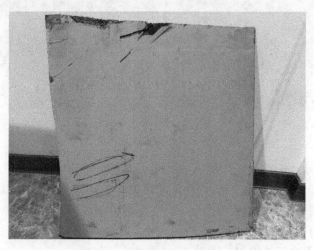

图 5-8　碳纤维蒙皮纸蜂窝工件

2) 实验设备与检测参数

实验设备如表5-3所列。

表5-3　实验设备

序　　号	设备名称	型　　号
1	红外热成像仪	NDTherm

检测参数如表5-4所列。

表5-4　实验参数

加热时间	5s
采集时间	10s
采集帧频	5次/s

3) 检测实验结果

直接对试件材料进行检测,选取了整块材料上的某一位置,检测图为所检测位置处检测到的某一部分,检测时间大约为1min。

然后再进行检测,检测时间大约为1min。

图5-9(a)中白色痕迹为用黑色记号笔标记位置,图5-9(b)为经过滤波之后,消除了记号笔干扰的情况。检测结果中可以明显看到蒙皮下方的蜂窝结构,还看到了部分的脱黏缺陷。

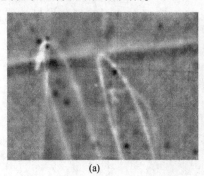 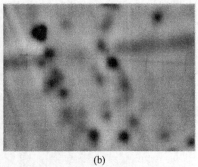

(a)　　　　　　　　　　　　　　　(b)

图5-9　检测后结果图片

4) 实验结论和建议

检测结果表明,采用这种红外检测方法对于复合材料蒙皮中的分层和蒙皮—蜂窝芯脱黏有较好的检出能力,当复合材料蒙皮较薄(如小于1.0mm)时,红外检测还可以清晰检出蜂窝芯格的大小及其分布。

2. 蜂窝积水红外检测

飞机服役飞行中由于环境温度波动、湿度变化、气压等因素的影响使得蜂窝夹层结构的蒙皮受到不均衡的内外压力,经过一定的飞行周期后,可能会破坏复合材料蜂窝夹层结构整体密封性,空气中的水分通过复合材料蜂窝夹层结构缝隙进入蜂窝,滞留在蜂窝芯中形成积水。一方面,积水会侵蚀蒙皮—蜂窝芯间的胶层,降低黏结强度,会造成脱黏;另一方面,蜂窝长期受到积水侵蚀,会造成蜂窝芯腐蚀和破坏,从而会降低复合材料蜂窝结构的性能。此外,蜂窝积水明显时,还会逐步增加复合材料部件的重量,影响飞行平衡性,严重时甚至威胁飞行安全。由于水的热容量大,积水会使热量保持时间延长,因此,采用红外检测效果非常明显。有关蜂窝积水红外检测方面的试验报道比较多,但真正在工程上列装应用的还是比较少。目前,空客和波音公司已将红外热成像检测方法用于飞机运营和维修过程中的原位复合材料蜂窝夹层结构积水的无损检测,而且制定了较为详细的红外检测操作规范和检测的具体实施要求,航空公司在飞机的日常检测/维修过程中,主要根据飞机的随机手册及相关检测要求中规定的检测方法与检测工艺执行。东航工程技术公司西安维修基地的孟铁军、陈江明等报道过复合材料升降舵蜂窝积水红外检测结果,升降舵为碳纤维蒙皮—Nomex蜂窝芯—碳纤维蒙皮夹芯结构,在飞机原位,采用加热毯覆盖在升降舵蒙皮表面,对被检测区域进行加热,加热时间按照相关的红外检测工艺要求和程序。

(1)通过温度控制装置设置和控制,所需的红外热成像检测设备主要包括红外热像仪、便携式监视器、加热毯、温度控制装置及相关的计时器等辅助器材,并且必须满足相关的红外检测程序中要求,例如,红外热像仪的技术参数要求为:测温范围−20~120℃,工作波段7.5~13μm,温度分辨力0.1℃(在30℃),空间分辨力1.3mrad,观察视场24°×8°等。

(2)采用加热毯对升降舵上蒙皮加热,加热时间不少于32min,使加热毯温度达到(85±3)℃,保持至少13min,然后停止加热,撤除加热毯后,立即使用校准好的红外热像仪对下面蒙皮一侧对应的加热区进行检测,并在10min之内完成对加热区的扫描检测,扫查间距控制在200in。

(3)完成下面蒙皮一侧检测后,在停止加热后10~20min内立即对上面蒙皮一侧的加热区进行检测,上、下蒙皮表面的检查必须在20min内完成检查,否则,应对相关检测区域重新加热和检测。

(4)扫查时红外热像仪的视线尽可能与被检测蒙皮表面垂直。

(5)检测中对发现的积水区域用记号笔进行标记,并在检查结束后将透明塑料薄膜覆盖在检查区域,在薄膜上标记积水区域作为记录的一部分。

(6)采用上述热加载条件和检测工艺,可以发现面积大于等于120mm,含水量大于10%的蜂窝单元的积水损伤。

从红外成像结果还可以看出复合材料升降舵的几何结构特征,如翼肋、金属紧固件连接位置、防雷击金属条的位置、铰链点等翼肋利用红外热成像检测方法对民机复合材料蜂窝夹芯结构积水的原位检测,已成为民机日常维护/修理过程中的一种有效检测方法,而且大多数航空公司都在采用这种检测方法,取得了较好的实际检测效果和工程应用效果。因此,红外热成像对复合材料蜂窝夹芯结构的积水有较好的检测效果,特别是飞机上复合材料结构积水的原位检测,红外热成像检测方法是一种比较可行的检测方法,但需要建立非常具体和严格的红外热成像检测工艺规范或者检测程序,而且这种检测程序通常需要针对具体的被检测复合材料结构来制定,并通过一定的检测试验验证才能确定其可检性和可行性。

第6章 复合材料声振检测技术

6.1 基本概念

6.1.1 声振法的由来及其基本结构

用敲击法来检查物体的完整性和内部结构的成分是早就有的。如敲击瓷碗,听它的声音可以判断它是否有裂纹;敲击银币,可以判定它成分的真伪等。由于它的简单易行,直至今天,还有用敲击法来检测胶接结构和复合材料的。当被测件若有一定面积的脱胶或空穴等缺陷,用小槌叩击时,脱胶区由于缺乏刚性支点,其振动的自然频率要比胶接良好区低,因而产生的音响回声就要比良好区低沉,检验者就可据以判定在哪个部位胶接不好。

但是,敲击法带有很大的人为主观因素,而且单凭耳朵听,灵敏度也会受影响,因此对某些胶接件的缺陷检测不出来。当被检测件是大型结构时,逐点敲击检测的效率也是满足不了生产上的要求。劳动生产推动了科学的发展,声振检测法就应运而生了。声振法的原理和原始敲击法是一样的,不同的是用机械代替了手工敲击,用仪器显示代替了人耳的听觉。因而可以大大减少操作人员的主观成分,并且大大地提高了生产率。

声振法和敲击法一样,都是一种根据机械振动产生不同共振频率的测试方法。不论它是由手工改为机械,形成机械振动的三个基术结构总是一样的。它们是:

(1) 振源——敲击法中是一把小槌,声振法则是包括音频振荡器、换能器、传声杆等仪器设备。振源是产生一定频率和一定振幅的机械振动的发生器。

(2) 被测物——这是检测对象,声振法一般以检测非金属的胶接结构和复合材料为多,检测的缺陷以能引起振动频率显著变化的为宜。物理学上振动是以幅度(振动的快慢)和损耗(振动的时间)来表示振动状态的,而这些物理量都是和被测物的材料、结构和性能直接有关的。

(3) 信息的接收和处理——敲击法全凭人的耳朵来接收和判断声音,声振法则利用换能器的接收晶片、放大器、指示仪表、自动记录装置和报警器等对振动信息实现接收和处理功能。先进的检测设备还可以配备微机来扩大检测信息的处理功能。

6.1.2 机电类比

声振检测的根据是声学振动,产生声学振动的结构系统实际是机械振动的体现。不论是敲击产生的振动还是压电产生的振动都和机械振动的模式相同,可以用机械振动的数学公式来表示。19 世纪以来由于电学的迅速发展,对各种组合形式的电路也都可用数学公式来表示。人们发现机械振动和电振荡是十分相似的。因此,各种复杂的机械振动结构又可以用电路系统中的电感、电容、电阻组成的电学振荡系统来等效描述,这种研究振动方法称为机电类比。各种机械振动问题可以通过机电类比的方法为对应的电流问题来求解。

声学振动时传声媒介质点的是机械振动,这种质点振动系统可以认为其质量和弹性分别集中在某个元件上的集中参数振动系统。普通的有阻尼的弹簧振子系统(图 6-1)就可代表这种机械振动。图中 m 为质点,R_m 为摩擦阻,K 为体积弹性常数,数量上等于弹簧产生单位长度变化所需作用力的大小,它的倒数 C_m 称为柔顺系数,C_m 表示弹簧在单位力作用下能产生位移的大小。设质点 m 在外力 F 的作用下产生了位移 x,则弹簧振子的受迫振动方程为

$$F = m\frac{\mathrm{d}^2 x}{\mathrm{d}t^2} + R_m\frac{\mathrm{d}x}{\mathrm{d}t} + \frac{1}{C_m}x \tag{6-1}$$

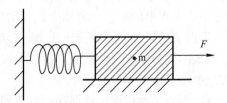

图 6-1　有阻尼的弹簧振子系统

在简谐振动时,$F = F_m\cos\omega t$,则

$$F_m\cos\omega t = m\frac{\mathrm{d}^2 x}{\mathrm{d}t^2} + R_m\frac{\mathrm{d}x}{\mathrm{d}t} + \frac{1}{C_m}x \tag{6-2}$$

如改用振动速度 $\dot{\varepsilon} = \dfrac{\mathrm{d}x}{\mathrm{d}t}$ 来表示,则式(6-2)可改为

$$F_m\cos\omega t = m\frac{\mathrm{d}\dot{\varepsilon}}{\mathrm{d}t} + R_m\dot{\varepsilon} + \frac{1}{C_m}\int \dot{\varepsilon}\,\mathrm{d}t \tag{6-3}$$

可得稳态解为

$$\dot{\varepsilon} = \dot{\varepsilon}_m\cos(\omega t + \varphi') \tag{6-4}$$

$$\dot{\varepsilon} = \cfrac{F_m}{\sqrt{\left(m\omega = \cfrac{1}{\omega C_m}\right)^2 + R_m^2}} \qquad (6-5)$$

$$\tan\varphi' = \tan\left(\varphi + \frac{\pi}{2}\right) = -\frac{1}{\tan\varphi} = -\cfrac{m\omega - \cfrac{1}{\omega C_m}}{R_m} \qquad (6-6)$$

当我们把图 6-1 弹簧振子系统改用电感 L、电容 C、电阻 R 的串联电路来表示时,可得图 6-2 所示的简单的 LCR 串联电路。

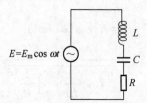

图 6-2　简单的 LCR 串联电路

在这串联电路中通过的电流 i,电容上积累的电荷为 q,可得到在这串联电路中的电压 $E = E_m\cos\omega t$ 为电感、电容电阻三部分电压之和,即

$$E_m\cos\omega tL = \frac{\mathrm{d}^2 q}{\mathrm{d}t^2} + R\frac{\mathrm{d}q}{\mathrm{d}t} + \frac{q}{C} \qquad (6-7)$$

或

$$E_m\cos\omega t = L\frac{\mathrm{d}i}{\mathrm{d}t} + Ri + \frac{1}{C}\int i\mathrm{d}t \qquad (6-8)$$

式(6-8)的形式和弹簧振子的振动方程是一样的。同样,可得到它的稳态解为

$$i = I\cos(\omega t + \varphi') \qquad (6-9)$$

$$I = \cfrac{E_m}{\sqrt{\left(L\omega - \cfrac{1}{C\omega}\right)^2 + R^2}} \qquad (6-10)$$

$$\tan\varphi' = -\cfrac{L\omega - \cfrac{1}{C\omega}}{R} \qquad (6-11)$$

我们也可把图 6-1 的弹簧振子系统改用 L、C、R 的并联电路来表示如图 6-3 所示。

在此电路中通过的交变电流 $i = I\cos\omega t$ 由三部分合成,即

$$I\cos\omega t = C\frac{\mathrm{d}E}{\mathrm{d}t} + \frac{E}{R} + \frac{1}{L}\int E\mathrm{d}t \tag{6-12}$$

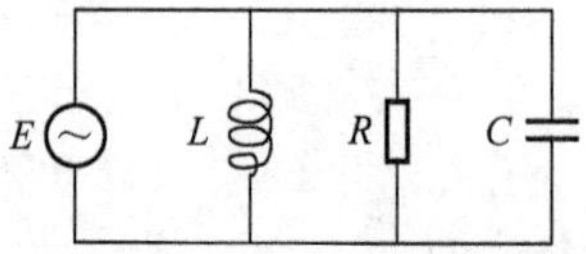

图 6-3　LCR 并联电路

式(6-12)的形式仍然和弹簧振子的振动方程是一样的,也可得到它的稳态解为

$$E = E_{\mathrm{m}}\cos(\omega t + \varphi') \tag{6-13}$$

$$E_{\mathrm{m}} = \frac{I}{\sqrt{\left(C\omega - \dfrac{1}{L\omega}\right)^2 + \left(\dfrac{1}{R}\right)^2}} \tag{6-14}$$

$$\tan\varphi' = -\frac{C\omega - \dfrac{1}{L\omega}}{\dfrac{1}{R}} \tag{6-15}$$

可见弹簧振子的力学振动与串联电路和并联电路的电振荡都是类似的。建成的机电类比,串联电路的电阻抗比对应于力阻抗,这种机电类比称为阻抗型机电类比;并联电路的电导纳对应于力阻抗,所以并联电路的机电类比称为导纳型机电类比。表 6-1 列出了两种机电类比中的对应量。

表 6-1　两种机电类比的对应量

机械系统物理量	阻抗型类比中的电学量	导纳型类比的电学量
力 F	电压 E	电抗 i
力振幅 F_{m}	电压振幅 E_{m}	电流电流 I
振速 $\dot{\varepsilon}$	电流 i	电压 E
振速振幅 $\dot{\varepsilon}_{\mathrm{m}}$	电流振幅 I	电压振幅 E_{m}
质量 m	电感 L	电容 G
力容(柔顺性)C_{m}	电容 G	电感 L
力阻 R_{m}	电阻 R	电导 $1/R$
力抗 $m\omega - \dfrac{1}{\omega C_{\mathrm{m}}}$	电抗 $L\omega - \dfrac{1}{G\omega}$	电纳 $G\omega - \dfrac{1}{L\omega}$
力阻抗 $Z_{\mathrm{m}} = \sqrt{\left(m\omega - \dfrac{1}{\omega C_{\mathrm{m}}}\right)^2 + R_{\mathrm{m}}^2}$	电阻抗 $Z = \sqrt{\left(L\omega - \dfrac{1}{G\omega}\right)^2 + R^2}$	电导纳 $Z = \sqrt{\left(G\omega - \dfrac{1}{L\omega}\right)^2 + \left(\dfrac{1}{R}\right)^2}$

6.1.3　机电等效电路

表6-1列出了将机械振动和电振荡类比时各个机械物理量和电学量的类比关系,利用这些类比关系就可将机械振动问题化成电路图来求解,这种电路形式的路线称为机电等效线路。下面先说明几个类比关系。

1. 质量类比关系

质量是一种物理量,它是物体具有惯性的量度。在阻抗型电类比中,质量类比于电感,因而在阻抗型机电等效线路中,质量符号改用电感符号标志,如图6-4(a)所示。"流"过该电感的"电流"是速度$\dot\varepsilon$加于线路两端的"电压"是力F,阻抗型机电等效线路中,质量元件不"接地"。在导纳型机电类比表格中,质量类比于电容,因而在导纳型机电等效线路中,质量符号用电容⊣⊢来表示,如图6-4(b)所示。"流"过该电容的电流是力F,加于线路两端的电压是速度差$\dot\varepsilon = \dot\varepsilon_1 - \dot\varepsilon_0$。因为速度都是相对性,如果取参考坐标为不动的地面(在惯性系中,$\dot\varepsilon_0 = 0$),则质量的速度都相对于零。所以,在导纳型类比线路中,质量元件一端接地。

2. 柔顺系数 C_m 类比关系

柔顺系数 C_m 又称柔顺性、力容或力顺,它是体积弹性常数 K 的倒数。柔顺系数是指一种弹性物体的物理现象,当该种弹性物体在受作用力时,单位力所产生的位移大小。作用力越大,产生的位移越大,遵从胡克弹性定律。在阻抗机电类比中,柔顺系数类比于电容 C,它们都表示系统中具有储存能量的本领,在物理意义上是相似的。如图6-5(a)所示,柔顺系数改用电容符号表示,"流过"柔顺系数的是速度$\dot\varepsilon$,线路两端的量是力 F。在阻抗型机电类比中,柔顺系数元件不"接地"。在导纳型机电类比中,柔顺系数类比于电感,在线路中改用电感符号,如图6-5(b)所示。"流过"它的是力 F,线路的两端量是速度差 $\dot\varepsilon = \dot\varepsilon_1 - \dot\varepsilon_0$,相对于地面的运动$\dot\varepsilon = 0$,所以导纳型机电等效线路中,柔顺系数元件一端接地。

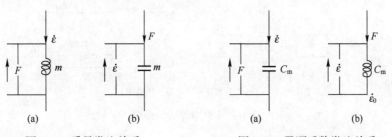

(a)　　　　　(b)　　　　　(a)　　　　　(b)

　　图6-4　质量类比关系　　　　图6-5　柔顺系数类比关系

3. 力阻 R_m 类比关系

力阻在机械运动结构中可体现为摩擦。在结构受外力作相对运动时,速度与力大小成正比,当运动速度较小,遵循阻力定律。即阻力越大,运动速度降低越快,这是由于结构内因摩擦和损耗大所致,故力阻又称为摩擦阻或损耗阻。在阻抗型机电类比中,力阻 R_m 与电阻 R 类同,它们物理意义上也类似,都表现结构系统中的能量损耗,如图6-6(a)所示。线路中,"流过"的是速度 $\dot{\varepsilon}$,线路两端量是力 F,线路是不"接地"的。在导纳型机电类比中,力阻 R 与电导 $1/R$

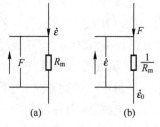

图 6-6 力阻类比关系

类同,"流过"线路的是力 F,线路两端的量是速度差 $\dot{\varepsilon} = \dot{\varepsilon}_1 - \dot{\varepsilon}_0$,相对地面速度为 $\dot{\varepsilon} = 0$,所以线路一端接地。

利用表6-1的机电类比对应量,可以将各种机械诊断系统用上面元件的等效线路叠加起来组成系统的机电等效线路图。图6-7所示是基本的串联、并联和串并联复合的等效线路图。复杂的机械振动结构系统,在机电等效线路图中可能会包含几个串联和并联电路组成复杂的机电等效线路图。

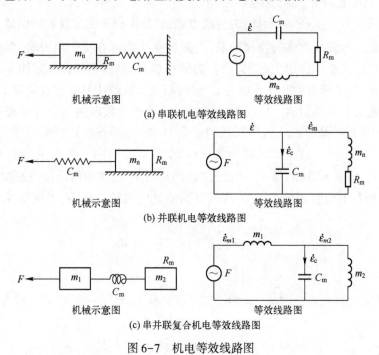

(a) 串联机电等效线路图

(b) 并联机电等效线路图

(c) 串并联复合机电等效线路图

图 6-7 机电等效线路图

6.1.4　力阻抗

如果振动频率是单一的,一个振动结构系统的机械振动的基本方程为

$$F = Z_m \dot{\varepsilon}$$

式中:F 为机械振动的策动力;$\dot{\varepsilon}$ 为质点的振动速度;Z_m 为等效力阻抗。

声振检测用于胶接结构件时,是把策动力 F 保持稳定恒值,根据不同的等效力阻抗 Z_m 测出振动速度$\dot{\varepsilon}$。因为等效力阻抗是反映胶接结构件的胶接状态的,它的标准表示式为

$$Z_m = j\omega m + 1/j\omega C_m + R_m = jX + R_m \qquad (6-16)$$

式中:m 为等效质量;C_m 为等效柔顺系数;R_m 为等效力阻;X 为阻抗的虚数部分。

这些都直接由振动的胶接结构件的材料和胶接状态决定的。只要胶接状态变化,力阻抗 Z_m 就会变化,使检测出来的振动速度$\dot{\varepsilon}$跟着变化,这就是声振动检测的基本原理。

力阻抗、振动速度与振动方式也是有关的。使物体振动的方式很多,用来测量力阻抗或振动速度的方法同样很多,两者适当选择,可以得到很多种声振检测的方法。根据国内目前已研制应用的仪器,可归纳为三种类型的声振检测方法:声阻法、共振法和涡流声法。

(1)声阻法是用点状探头或平面探头作为振源作用到被测物体上。被测物体由于内部结构的不同,产生的力阻抗也不相同,立足抗反作用于换能器,换能器在不同力阻抗的负载下,它的某些特性就随着起变化。用仪器测量出这些特性的变化量,就可检出被测物体内部结构变异的状况。根据对换能器测量的特性种类,声阻法又可分为振幅法、频率法和相位法等几种。

(2)共振法是采取是被测物体在换能器的激励下,让等效力阻抗中的虚数部分 $X=0$,被测物体发生共振。被测物体的内部发生变异时,其共振频率即发生变化,用仪器测出此时的共振频率,便可鉴别被测物体的内部质量。

(3)涡流声法是以电磁线圈作为探头,通电后线圈产生的磁力线是被测物体感应产生涡流。因涡流是交变的,它激发物体形成振动。被测物体内部结构有变异时,它的振动也会发生改变,测出振动特性的变化,就可鉴别被测物体的内部质量。

声阻、共振和涡流声法只是测量的特性参数不同,但都是利用声的振动的物理现象,所以统称为声振检测。

6.1.5　弹性细棒的纵振动

一根弹性棒,如截面长度小于波长时,可认为它是属于弹性细棒。弹性细

棒两端受纵向力时引起的振动可当作纯纵向的。等截面的弹性细棒两端所受的纵向力与振速的关系式为

$$F_1 = \frac{\rho cs}{jt_g kl/2}\dot{\varepsilon}_1 + \frac{\rho cs}{j\sin kl}\dot{\varepsilon}_2 \tag{6-17}$$

$$F_2 = \frac{\rho cs}{j\sin kl}\dot{\varepsilon}_1 + \frac{\rho cs}{jt_g kl/2}\dot{\varepsilon}_2 \tag{6-18}$$

式中各种符号含义如图6-8所示,细棒的截面积为S,长度为l,细棒的内部应力为T,密度为ρ,c为声速,波数$K=\dfrac{\omega}{c}$。等截面弹性细棒纵振动的等效线路如图6-9所示。而变截面的弹性细棒两端所受纵向力与振速的关系式为

$$F_1 = \left[\frac{\rho cs_1}{jt_g kl} + \frac{\rho cs_1}{jk}\left(\frac{1}{2s_1}\frac{\partial s_1}{\partial X}\right)\right]\dot{\varepsilon}_1 + \frac{\rho c\sqrt{s_1 s_2}}{j\sin kl}\dot{\varepsilon}_2 \tag{6-19}$$

$$F_2 = \frac{\rho c\sqrt{s_1 s_2}}{j\sin kl}\dot{\varepsilon}_1 + \left[\frac{\rho cR_2}{jt_g kl} - \frac{\rho cs_2}{jk}\left(\frac{1}{2s_2}\frac{\partial s_2}{\partial X}\right)\right]\dot{\varepsilon}_2 \tag{6-20}$$

式中各符号含义如图6-10所示。

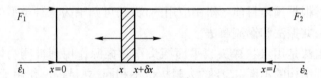

图 6-8　等截面弹性棒的纵振动

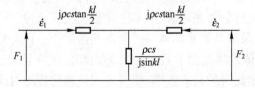

图 6-9　等截面弹性细棒的纵振动等效线路图

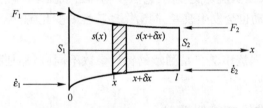

图 6-10　变截面弹性细棒的纵振动

104

变截面弹性细棒纵振动的等效线路如图 6-11 所示。

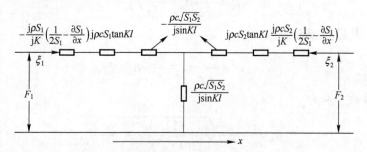

图 6-11　变截面弹性细棒纵振动的等效线路

6.1.6　压电体的纵振动与耦合振动

压电体的纵振动随压电体的几何形状不同其所起作用也不同。当一压电棒的截面长度比声波小的很多时,可作为压电细棒来对待。压电体两端面涂以电极,事先在纵向极化,两端面间通以电压为 V 的电流 I 时,其两端处有振动产生的力可用矩阵方程式计算出来。根据方程式也可画出它的等效电路图。

如果压电体不是一细长的棒,而是一粗短的短圆柱形状,而这正是共振法检测中所用的压电体形状。压电体振动的数学分析是十分困难的,无法简单地列出方程式,求出它振动力和振动速度的精确的解。在大多数情况下,只能求出它的近似解。

现以钛酸钡压电体为例来讨论其振动模式。设圆柱形压电体长为 l,半径为 r,先考虑它没有耦合的情况,即轴向共振和径向共振是独立存在的,则:

纵向共振圆频率为

$$\omega_1^2 = \pi^2 Y_0 / l^2 \rho \tag{6-21}$$

径向共振圆频率为

$$\omega_r^2 = \frac{\xi^2}{r^2(1-\sigma^2)} \cdot \frac{Y_0}{\rho} \tag{6-22}$$

式中:Y_0 为材料的弹性模量;ρ 为材料密度;σ 为材料的泊松比;ξ 是与 σ 有关的一个参数;ξ 和 σ 间的数学关系为

$$\xi J_0(\xi) - (1-\sigma) J_1(\xi) = 0 \tag{6-23}$$

例如,$\sigma = 0.27$ 时,可得 $\xi = 0.23$。

当考虑轴向振动与振动相互耦合,即认为一个方向的振动会使另一个方向的振动受干扰时,通过机械耦合共振和电路耦合谐振的对应分析,可得其耦合后的共振圆频率。

轴向共振圆频率为

$$\omega_1^2 = \frac{\pi^2 Y_0}{l^2 \rho}\mu_\alpha = \frac{\pi^2 Y_0}{r_e^2 \rho}\mu_\beta \tag{6-24}$$

径向共振圆频率为

$$\omega_r^2 = \frac{\pi^2 Y_0}{r_e^2 \rho}\mu_\gamma = \frac{\pi^2 Y_0}{l^2 \rho}\mu_\delta \tag{6-25}$$

式中各系数分别为

$$\mu_\alpha = \frac{P^2+1-\sqrt{(P^2+1)-4P^2(1-\mu^2)}}{2(1-\mu^2)} \tag{6-26}$$

$$\mu_\beta = \frac{P^2+1-\sqrt{(P^2+1)-4P^2(1-\mu^2)}}{2P^2(1-\mu^2)} \tag{6-27}$$

$$\mu = \frac{P^2+1-\sqrt{(P^2+1)-4P^2(1-\mu^2)}}{2P^2(1-\mu^2)} \tag{6-28}$$

$$\mu_\beta = \frac{P^2+1-\sqrt{(P^2+1)-4P^2(1-\mu^2)}}{2(1-\mu^2)} \tag{6-29}$$

其中
$$P^2 = \frac{1^2 \xi^2}{\pi^2 r^2 (1-\sigma^2)} \tag{6-30}$$

P 被称为有效厚度半径比，μ 为耦合系数，它与短圆柱压电体的泊松比、尺寸和负载有关，当空载或 $P=0.5\sim1.5$ 时，$\mu = \sqrt{\dfrac{2\sigma^2}{1-\sigma}}$。$r_e$ 是等效半径，它和压电体半径的关系为

$$\frac{\pi^2}{r_e^2} = \frac{\xi}{r^2(1-\sigma^2)} \tag{6-31}$$

压电体是声振检测换能器中很重要的一种元件，它的纵振动等效线路将在 6.2 节用到，这里就不再重复了。

6.2 声阻法检测

6.2.1 检测原理

1. 换能器特性分析

声阻法是通过换能器激励工件，把工件的检测阻抗 Z_x 或力阻抗 Z_H 的变化看作是工件内部缺陷的表现形式，用来作为反映工件质量的标志。声阻法的换能器是由两块压电晶片组成的复合式激振和测振装置，如图 6-12 所示。

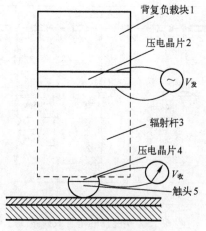

图 6-12　换能器示意图

图中 1 为背复负载块,一般为钢柱;3 为有机玻璃杆作的辐射杆,它可以是等界面的直杆,或边截面的圆锥形杆、指数形杆、抛物形杆或阶跃形杆等,5 为球形钢珠的检测触头,2 与 4 各位 PTZ-5 压电晶片。

在主要元件压电晶片 2 上,外加电压 V 通过触头 5,使工件激发弯曲振动,这一部分组成激振换能器。以主要元件压电晶片 4 接受以触头 5 为阻抗转移器传来的工件力阻抗,输出电信号 $V_{收}$ 组成测振换能器。这两个换能器处在同一结构内同时工作,所以声阻法换能器是一个复合式换能的装置。

图 6-12 中的 1、3、5 三个弹性元件可用图 6-13 的等效线路来表示。

图 6-12 中的 2、4 两个压电晶片可同图 6-14 中的等效线路来表示。

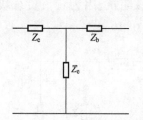

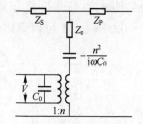

图 6-13　弹性元件纵振动等效线路　　图 6-14　压电元件振动等效线路

将这两种等效路图进行组合,就可得到图 6-15 的声阻抗换能器的通用等效线路图。图中各组成元件(包括等界面的辐射杆,不包括检测触头)的力阻抗 Z_i 在考虑损耗时为

$$Z_{ia} = Z_{ib} = \rho_i C_i S_i \,\mathrm{th}\, \frac{K_i'' l}{2} \tag{6-32}$$

107

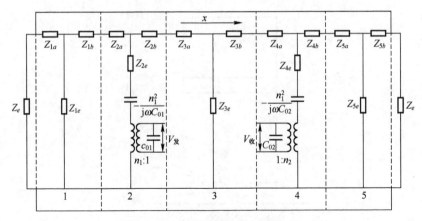

图 6-15 换能器的全等效线路图

$$Z_{ic} = \rho_i C_i S_i / \mathrm{sh} K_i'' l \quad (i = 1, 2, 4) \tag{6-33}$$

式中:$K'' = \mathrm{j}k - \tau$, $K = \dfrac{\omega}{c}$ 为代表波数, $\tau = \dfrac{\beta}{2\rho c}$ 为材料的衰减系数, β 为材料的阻尼系数; ρ 为材料密度, c 为声速; S 为截面积; l 为长度。

当辐射杆 3 为变截面时,则不同变截面形状的力阻抗计算公式都和式(6-32)、式(6-33)不相同,这里就不罗列了。

检测触头 5 一般做得很薄, $l_5 \ll \lambda$ 于是它的力阻抗值为

$$Z_{5a} = Z_{5b} \approx \mathrm{j}\omega \frac{m_5}{2} \tag{6-34}$$

$$Z_{5c} \approx \infty \tag{6-35}$$

图 6-15 中的 Z_0 是激振换能器背复负载阻抗,因为背负负载块与空气接触,所以 $Z_0 \approx 0$。图 6-15 可以简化合并成图 6-16。

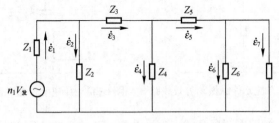

图 6-16 合并后的等效线路

图中各合并后的力阻抗值分别为

$$Z_1 = Z_{2c} + \mathrm{j} \frac{n_1^2}{\omega c_{01}} \tag{6-36}$$

108

$$Z_2 = Z_{2a} + Z_{1a} + \frac{Z_{1b}Z_{1c}}{Z_{1b}Z_{1c}} = Z_{2a} + \rho_1 c_1 s_1 \mathrm{th}(k_1'' l_1) \qquad (6\text{-}37)$$

$$Z_3 = Z_{2b} + Z_{3a} \qquad (6\text{-}38)$$

$$Z_4 = Z_{3c} \qquad (6\text{-}39)$$

$$Z_5 = Z_{3b} + Z_{4a} \qquad (6\text{-}40)$$

$$Z_6 = Z_{4c} + \left(\frac{jn_2^2}{\omega c_{02}} - \frac{jn_1^2}{\omega c_{02}} \right) = Z_{4c} \qquad (6\text{-}41)$$

$$Z_7 = Z_{4b} + Z_{5a} + Z_{5b} + Z_x = X_7 + R_7 \qquad (6\text{-}42)$$

图 6-15 中换能器接受的输出电信号 $V_{收}$ 为

$$V_{收} = \frac{n_1 n_2 V_{发}}{j\omega c_{02} \left[a_3 Z_2 - (a_1 + a_2 + a_3) Z_1 \right]} \qquad (6\text{-}43)$$

式中

$$a_1 = 1 + \frac{Z_6}{Z_7} \qquad (6\text{-}44)$$

$$a_2 = \frac{a_1 Z_5 + Z_6}{Z_4} \qquad (6\text{-}45)$$

$$a_3 = \frac{(a_1 + a_2) Z_3 + a_2 Z_4}{Z_2} \qquad (6\text{-}46)$$

X 为电抗,它与电阻 R 合成为阻抗 Z。

2. 检测阻抗特性分析

图 6-15 等效线路中合并后的力阻抗 Z_7 中的 Z_x 称为检测阻抗,它是工作的力阻抗 Z_H 和检测触头与工件间点接触的弹性抗 X_K 的并联值,即

$$Z = \frac{Z_H X_K}{Z_H + X_K} \qquad (6\text{-}47)$$

式中

$$X_K = \frac{1}{j\omega C_K} \qquad (6\text{-}48)$$

$$Z_H = j\omega m_H + \frac{1}{j\omega C_H} + R_H \qquad (6\text{-}49)$$

式中:脚注 H 表示静态的,脚注 K 表示动态的。m_H、C_H 和 R_H 分别是工件振动时的等效质量、柔顺系数和损耗阻。动态的接触柔顺系数 C_K 是考虑到检测触头与工件弹性接触时,柔顺性很大,由于检测触头工作时在振动,因此除考虑静压力所产生的静态接触柔顺系数外,还要考虑动态的接触柔顺系数。

如检测时,作用于检测触头上的交变力为 F',此交变力会产生交变的弹性

形变,在力作用线上对平衡位置的位移设为 ε',它们的比值即称为动态接触柔顺系数 C_K,即

$$C_K = \frac{\varepsilon'}{F'} \tag{6-50}$$

当小振幅时,接触柔顺系数可写为

$$C_K = \frac{\varepsilon'}{F'} = \frac{2}{3} B F_0^{-\frac{1}{3}} \tag{6-51}$$

式中:F_0 为检测触头作用于工件上的静压力;B 是一系数,其值为

$$B = \left\{ \left[\frac{3}{4} \left(\frac{1-\sigma_1^2}{Y_1} + \frac{1-\sigma_2^2}{Y_2} \right) \right]^2 \frac{r_1+r_2}{r_1 r_2} \right\}^{\frac{1}{3}} \tag{6-52}$$

r_1 和 r_2 分别为没有形变时触头和工件表面的曲率半径;σ_1 和 σ_2,Y_1 和 Y_2 分别为触头和工件材料的泊松比和静态弹性模量。

力阻抗 Z_H 与结构状态和平面板与空腔的振动方式直接有关。点振源激发起弯曲振动的振动方式要从理论上算出各种状态下的力阻抗是困难的,只能对特定状态的空气夹层脱胶作一解析。

若有平面薄板与粗大的平面硬材料胶接在一起,胶层中如存在脱胶,可把脱胶部位近似地看作是一个周围固定、中间有空气夹层的平板。其力阻抗为

$$Z_H = j\omega m \partial_a + \frac{1}{j\omega c' \partial_a} + R_H \tag{6-53}$$

平板的等效质量为

$$m \partial_a = \frac{7}{54} \rho \pi h r \tag{6-54}$$

平板与空气腔的复合等效柔顺系数为 $C' \partial_a$,

$$C' \partial_a = \frac{C\partial_a C'_0}{C\partial_a + C'_0} = \frac{48\tau(1-\sigma^2)r^2}{\pi[64\tau Y h^3 + 3\rho_0 C_0^2 r_4 (1-\sigma^2)]} \tag{6-55}$$

而平板的等效柔顺系数

$$C\partial_a = \frac{3(1-\sigma^2)r^2}{4\pi Y h^3} \tag{6-56}$$

空气腔的等效柔顺系数

$$C'_0 = \frac{V}{\rho_0 C_0 \left(\dfrac{S}{Y}\right)^2} = \frac{16\tau}{\rho_0 C_0 \pi r^2} \tag{6-57}$$

式中:r 为脱胶区的半径;h 为平面薄板的厚度;Y 为平面材料的弹性模量;σ 为板的泊松比;ρ 为板的密度;ρ_0 为空气腔内空气密度;C_0 为空气腔内空气声速;S

110

为脱胶区的面积;V 为空气腔内的体积;τ 为空气腔空气的厚度。

力阻抗 Z_H 和检测阻抗 Z_x 的变化,直接能从换能器的接受电压 $V_{收}$ 的值上看出变化,$V_{收}$ 的变化还和检测频率 ω 有关系。所以在检测频率下,根据力阻抗和检测阻抗(或 $V_{收}$)的变化即可对工作的内部质量情况作出判断。

6.2.2 检测方法

声阻法是用来检测一层或多层薄蒙皮胶接质量的有效方法。它具有方法简单,检测触头与工件之间只需要干接触,不需要耦合剂,不受材料限制,不一定需要专制的仪器设备,可以实行自动记录和显象,可以单面接近检测等优点。它的不足之处是检测的稳定性和重复性差。图 6-17 是声阻检测的方块图,整个装置包括探测器、发射器、接收电信号显示器、机械传动装置四部分。

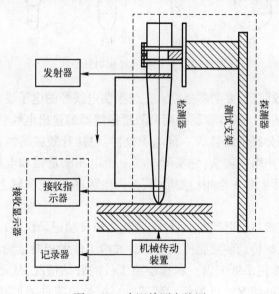

图 6-17　声阻检测方块图

探测器包括支架和换能器两部分。

支架:用来固定换能器的机械装置。它的作用是固定换能器的位置、保证换能器与工件表面垂直接触、可以将换能器升降并对工件产生一定的静压力。

支架对检测效果的影响很大。如换能器固定得不好,会产生附加振动、引起检测信号损耗过大和变形。如换能器与工件不能垂直接触,就会降低检测灵敏度。由于声阻法对实际检测条件要求较高,因此手动检测很难控制。

换能器:换能器是整个检测装置的关键部件,声阻法常用的换能器辐射杆有图 6-18 所示的几种形状。其中(a)是等截面的,(b)是圆锥形的,(c)是阶跃形,(d)是复合形的。辐射杆采用圆锥形和阶跃形能加大换能器辐射杆对工件弯曲振动的激发强度。阶跃形的辐射杆能提高品质因数值和增加变幅聚能作用,但稳定性差。复合型的辐射杆检测效果最好。例如,把圆锥形改为复合形之后,换能器的输入电压可以从100V降为25V,而输出电压却从几十毫伏升高到1V左右,检测灵敏度也有较大的提高。

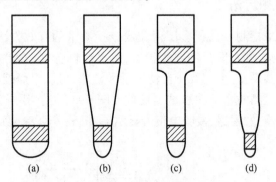

图 6-18　常用的几种辐射杆形状

发射器、接收仪器:发射器是输入正弦振荡电线号的电子设备,包括音频振荡器,自动扫频装置。接收仪器是用来测量换能器的输出电线号并加以记录显示的装置。这部分经常组装成一台电子仪器,包括音频振荡器、测量放大器和指示仪表等。对声阻振幅法,它实际上是一个电压测量器和电压记录器;对声阻相位法,它实际上是一个相位测量器;对声阻频率法,它实际上也是一个频率测量器。

自动检测装置:这部分包括机械传动装置和自动记录仪是在要求进行自动检测时用的。机械传动装置驱使换能器对被检工件做相对运动,并与记录仪同步,记录笔在电热记录纸上以点状描绘出工件的胶结情况,从记录纸上可直观地看到胶结缺陷的情况。机械传动装置应根据被检工件的形状大小和检测要求来进行设计。

声阻检测按照测量信号的不同,可分为振幅法、频率法和相位法。

1. 振幅法

振幅法是目前最常用的一种声阻检测方法,它是通过测量接收信号电压幅值的变化来进行判伤的一种方法。接收信号电压模数 $|V_{收}|$ 值在黏好区和脱黏区当在同样工作频率下,测得的大小数值是不一样的。显然为容易区别起见,这种差值越大越好。图 6-19 是对某一工件的黏好区和脱黏区的 $|V_{收}|$ 在不同频率下测量的结果,称为换能器的频率特性曲线。黏好区和脱黏区随着工作频率的改变,都出现有一个最高值和最低值。频率的最高值是整个换能器在检测

阻抗下的谐振频率,两个区域各以f_{pa}和$f_{p\beta}$表示。频率的最低值是接收压电晶片在检测阻抗下在检测一端在谐振频率,两个区也以f_{0a}和$f_{0\beta}$表示。坐标α、β表示黏好区和脱黏区。

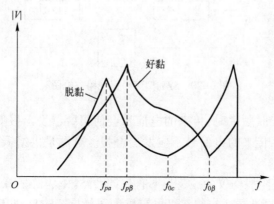

图6-19　换能器的频率特性曲线

设计换能器时,提高它的检测灵敏度可从下面几个方面考虑:

(1)选取$f_{pa}=f_{o\beta}$或$f_{oa}=f_p$,这样使黏好区和脱黏区的$|V_{收}|$差值大,检验灵敏度就高。如果$f_{pa}=f_{o\beta}$,从图6-19可见$|V_{收\alpha}|>|V_{收\beta}|$,称为正向判伤状态;如果$f_{oa}=f_p$,则$|V_{收\alpha}|<|V_{收\beta}|$,称为反向判伤状态。

(2)正确设计换能器。可采用固定辐射杆,对触头进行设计;或固定触头,对辐射杆进行设计。通过合理地选择触头的质量、曲率半径及辐射杆的形状提高换能器的检测灵敏度。固定辐射杆,对触头进行设计时,以先确定触头的曲率半径,再选择触头的质量的设计方法较为理想。

(3)由于检测时,换能器的工作频率是不定的,设计换能器时,要选取质量较大的背复块,但要适当注意背复块对静压力的影响。压电晶片的选择,要选择压电系数大,柔顺系数小,截面积大而厚度小的作为发射压电片和接收压电片的材料。一般发射压电片选用PZT-4材料,接受压电片选用PZT-5材料。

使用振幅法检测胶接结构时,胶接结构的蒙皮、底板的等效质量,等效柔顺系数和蜂窝结构的蒙皮厚度、蜂窝孔的大小、胶层厚度及性质都会影响检测灵敏度。

国产SZY-Ⅲ型声阻探伤仪是采用振幅法检测的。该仪器的线路方框如图6-20所示。

振荡器发出正弦振荡电信号用来激励换能器的发射晶片,产生一定工作频率的振动,作用在待测工件上。从工件返回的振动信号由接收晶片接收后变为电信号送至放大器,放大器将此信号进行放大,并抑制低频信号以防干扰,将放大的信号输入报警器,同时用电表对信号幅值进行显示。报警是事先调节好

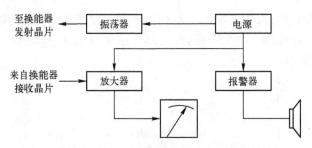

图 6-20　SZY 型声阻仪线路方框图

的,当换能器位于脱黏区时,传来的电信号会使报警器发出报警信号。当换能器位于黏好区时,传来的电信号不应发出警报。电源是供给振荡器、放大器和报警器的电能的。

SZY-Ⅲ型声阻探伤仪的振荡频率有三挡:2.5kHz、4kHz、5kHz,可以根据被检工件的材料不同选择适当频率以提高检测灵敏度。SZY-Ⅲ型声阻仪检测范围及灵敏度如表6-2所列。

表 6-2　SZY-Ⅲ型声阻仪检测范围及灵敏度

序　　号		1	2	3	4	5
试件结构各层厚度(1)/mm		0.4+1.5+蜂窝	0.4+1.0+蜂窝	0.3+1.0+蜂窝	0.3+0.4+蜂窝	0.3+蜂窝
可发现的最小伤直径	垫板区伤(2)/mm	Φ5	Φ5	Φ5	Φ5	
	蜂窝区伤(3)/mm	Φ35	Φ30	Φ30	Φ30	Φ10

注:(1)指蒙皮厚度+垫板厚度+蜂窝芯块;
　　(2)指蒙皮与垫板之间的脱黏伤;
　　(3)指蜂窝芯块与蒙皮或电板之间的脱黏伤

在使用仪器之前先要用标准试块调节仪器灵敏度。标准试块是结构参数和工艺方法都和被测工件相同、内部做有相应的人工缺陷的成套试块。调节仪器时,先根据被测工件的材料选择仪器振荡器的输出频率,将换能器垂直放于标准试块上的伤区,调节放大器,使仪器发出报警信号;再将换能器移至黏好区,调节放大器,使报警信号消失。这样反复几次,达到在黏好区报警器不报警,换能器移至脱粘区报警器就报警。

用SZY-Ⅲ声阻探伤仪检测工件时,根据表警信号的有无,可测出脱黏区的位置和大小。换能器接收的信号经放大后也可输入自动记录装置,用电热记录纸记录下来。

2. 频率法

从图6-19换能器的频率特性曲线上可以看到,由于工件力阻抗的变化,不

114

论是黏好区和脱黏区，换能器的$|V_{收}|$都有一个极大值和极小值在曲线上形成峰和谷。在横坐标频率值上分别记为f_p、$f_{\alpha p}$、$f_{\beta p}$、$f_{\beta 0}$，脚注α为黏好区，β为脱黏区，P为$|V_{收}|$极大值是曲线的峰，O为$|V_{收}|$极小值，即曲线的谷。通过对频率f_P或f_0变化的测量来分析胶接质量的方法，称为频率法。声阻频率法分为测量f_P的极大值频率法和测量f_0的极小值频率法两种。无论采用哪一种方法先要用公式计算出黏好区的频率的具体数值，用计算值来判断实测值是属于黏好区还是脱黏区。计算极大值时要牵涉整个换能器各个元件的等效质量和等效柔顺系数，而计算极小值时只要知道接收压电晶片的质量和触头的质量以及它们的柔顺系数就可以了。

频率法和振幅法比较，每次测量都需要进行复杂的计算和用仪器扫频。当黏好区和脱胶区的极大值或极小值间隔不大时，频率的显示和区分不及振幅显示那样明显和容易记录，所以频率法的实际应用不多。

3. 相位法

通过对换能器的特性分析，发现工件胶接质量变化引起负载阻抗的变化将导致$V_{收}$电压的相位角φ的检测胶接质量的方法称为声阻相位法。在振幅法的检测中，工件力阻抗的任何干扰变化，都会引起接收电压$V_{收}$的变化和不稳定。这样根据电压来确定伤区的存在可能会误判。工件力阻抗的不稳定是由于蒙皮厚度不均匀、表面粗糙和脱黏区大小等一些因素引起的。相位法对上面这些干扰因素的影响可大大减弱，提高了判伤的清晰度。在理论上，相位法检测灵敏度可以无限地提高，即不管多么小的伤都可以检测出来。实验表明，相位法对检测薄蒙皮较合适，它也受换能器压于工件上的力和工件表面粗糙度的影响。

在实际工作中，相位法检测是用相位计直接测量。最灵敏的工作频率在V收极小值频率f_0的附近，即f_{p0}处的脱黏伤。对薄蒙皮和底材重硬的工件，相位法能取得好的效果。对蜂窝夹芯胶接结构可克服振幅法受力阻抗起伏引起输出电压较大摆动的缺点而得到较好的检测结果。目前，在国内外使用的 NAⅡ-3 型双道声阻仪就是振幅法和相位法的联合使用。

6.2.3　多层胶接件的声阻检测

一般声阻检测法用的换能器的触头都是点状的。如图 6-21 所示的各种触头形状，虽然和工件接触的弧度有大小，点的数目有多少，但它们和工件都是点接触的。这种触头适用于 2 层或 3 层的胶接构件，对多层胶接件则无法检出在不同层处的脱黏伤。

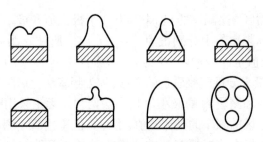

图 6-21　一般声阻法的触头形状

多层胶接件的声阻检测所用的换能器触头是平面形状的,在和工件接触处有一平薄的保护层,接头和工件是面接触。如图 6-22 所示,1 是背覆负载块,可用铜或钢制做;2 是发射压电晶片 PZT-4;3 是辐射杆,可用有机玻璃或硬铝制成;4 是接受压电晶片 PZT-5;5 是平薄保护层,可用未经极化过的压电陶瓷片制作,厚度为 0.1~1.0mm。现以 5 层胶接件的振幅法检测为例进行简单的原理分析。图 6-23 所示是由 5 层厚度各为 2mm 的铝板胶接起来的试件,在第一、二、三、四胶层内分别存在脱黏位于图 1、2、3、4 标记处。位置 5 处为全黏好。在忽略胶层质量和其他物理性质影响的情况下,可得该胶接件简化了的等效线路如图 6-24 所示。图中 $j\omega m_i$ 为各层铝板的振动阻抗,m_i 为各层板的振动等效质量,Cm_i 为各层胶的柔顺系数。根据图 6-24 可以计算出在各种频率时,1、2、3、4、5 处的阻抗变化,如图 6-25 所示。图中 1、2、3、4 四条曲线为图 6-23 中 1、2、3、4 四处大于换能器接触面的脱粘伤的阻抗特性曲线,5 为全黏好的阻抗特性曲线。从图 6-25 中可以看到五种黏接状态的阻抗随频率的变化具有以下规律:各种状态下都存在共振频率,并由浅层到深层频率依次降低,全黏好时的共振频率 f_1 最低。显然,当检测频率低于 f_1 时,各层次的阻抗才会变化,若高于 f_1 时,各层次的阻抗值将出现交叉。因此,换能器的输出电压也具有同样的规律:即检测频率低于 f_1 时(如线 a),电压幅值变化按层次递变为 a_5,a_4,a_3,a_2,a_1;高于 f_1 时(如线 b),各层次的电压幅值出现交叉变化为 b_3,b_2,b_1,b_5,b_4,而无法判断出脱黏伤所在的层次。把 f_1 确定为极限频率,层数不同的胶接件其极限频率 f_1 值是不同的。选取得检测频率范围应当低于 f_1,在低于 f_1 的前提下,越接近于 f_1,因为 1,2,3,4,5 处的 Z_x 值区别大,所以检测灵敏度就越高。

选择适当的换能器参数(如辐射杆的长度和材料,压电晶片的材料,厚度和直径),使其空载共振频率接近于极限频率 f_1,则能得到较高的检测灵敏度。图 6-26 是空载频率为 35kHz 的换能器载 1,2,3,4,5 位置上的电压幅值频率曲线。

从图中可以看出,第一层脱黏时的换能器共振频率与全黏好时的换能器共振频率相差为 11.5kHz。

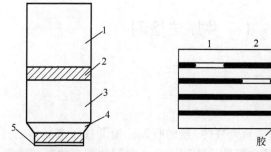

图 6-22　平触头声阻换能器

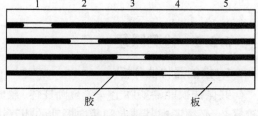

胶　　板

图 6-23　五层胶接试件

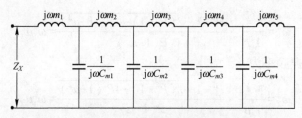

图 6-24　简化的等效线路图

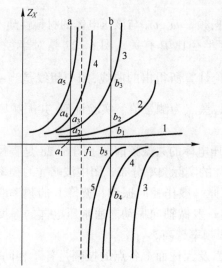

图 6-25　阻抗特性曲线

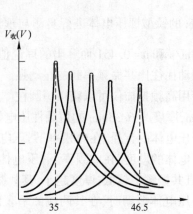

图 6-26　不同负载时的幅频曲线

国产的 CJJ-1 型多层胶接检验仪就是按上述原理研制的。它带有两个换能器:一个适用于检测蜂窝结构,其空载频率为 29kHz 左右;另一个适用检测全胶接结构,空载频率为 70kHz 左右。实际上该仪器振荡输出频率从 25～75kHz 范围内连续可调,对不同的胶接件都可方便地调到合适的极限频率来使用。

6.3 共振法检测

6.3.1 检测原理

1. 换能器特性分析

共振法换能器实际上一个短圆柱体,兼做收发。短圆柱压电晶体的振动比较复杂,必须考虑其轴向和径向振动的相互耦合。它们的耦合共振圆频率为:

耦合的轴向共振频率为

$$\omega_1^2 = \frac{\pi^2 Y_0}{1^2 \rho} \cdot \frac{P^2 + 1 - \sqrt{(P^2+1) - 4P^2(1-\mu^2)}}{2(1-\mu^2)} = \omega_1^2 \mu_X$$

耦合的径向共振频率为

$$\omega_2^2 = \frac{\pi^2 Y_0}{r_e^2 \rho} \cdot \frac{P^2 + 1 - \sqrt{(P^2+1) - 4P^2(1-\mu^2)}}{2(1-\mu)} = \omega_1^2 \mu_X$$

式中:$P = \frac{\xi}{\pi\sqrt{1-\sigma^2}} \cdot \frac{1}{r}$ 称为有效厚度半径;ω_i 与 ω_r 分别为轴向和径向共振频率,可以看出,短圆柱压电体的耦合共振频率 ω_1、ω_2 与该压电体的材料性质 Y_0、μ、ρ 和 σ 有关,同时与它的有效厚度半径比 P 有关。图 6-27 是对半径 $r = 11\text{mm}$ 的钛酸钡压电体进行实测与理论计算所得出的曲线,图中粗线是当 $\frac{Y_0}{\rho} = 4070\text{m/s}$ 和 $\mu = 0.451$ 而算出的理论值,黑点为测量值。实验证实,共振频率低的振动往往比共振频率高的振动强。

用高频扫描仪可以获得短圆柱体压电体的共振频谱图。图 6-28 是直径为 19mm,厚度为 6.35mm 的短圆柱压电体的实际频率分布。图中波峰 a 的频率取决于压电体的直径,在此频率下,压电体一般作径向振动。波峰 b 的频率取决于压电体的厚度,在此频率下,压电体一般做轴向振动。通常压电体的厚度越大,其共振频率越低;厚度越小,其共振频率越高。

压电体振动时,在其两端的平表面及圆柱面上各点的振幅是各不相同的。这可以用双轴拾振器进行测量。经测量可得径向和轴向共振时的振幅分布的结论如下。

1) 径向共振时的振幅分布

在径向基频振动时,短圆柱体平表面中心的径向分量振幅最小,而圆周上振幅最大。此外,径向共振时,轴向也有分量,而且是中心振幅最大,圆周上振幅最小。

118

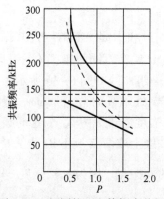

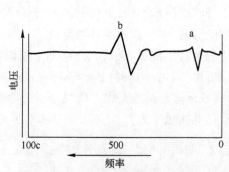

图 6-27　短圆柱压电体耦合共振　　　图 6-28　短圆柱压电体的共振频谱

2）轴向共振时的振幅分布

在轴向振动时，没有径向分量，轴向振动的方向、相位都相同，各点振幅不同。

3）工件负载阻抗分析

对单胶层胶接件采用共振法检测时，工件振动状态的粗略简化模型如图 6-29 所示。图 6-29(a) 是工件振动状态等效示意图，图 6-29(b) 是阻抗等效线路图。在忽略胶层质量和损耗的情况下，可从图示状态写出负载阻抗 Z_x 的表达式：

$$Z_x = \mathrm{j}X_x = \mathrm{j}\omega m_1 + \frac{\mathrm{j}\omega m_2 \cdot \dfrac{1}{\mathrm{j}\omega C_3}}{\dfrac{1}{\mathrm{j}\omega C_3} + \mathrm{j}\omega m_2} = \mathrm{j}\omega \left(m_1 + \frac{m_2}{1 - \omega^2 m_2 C_3} \right)$$

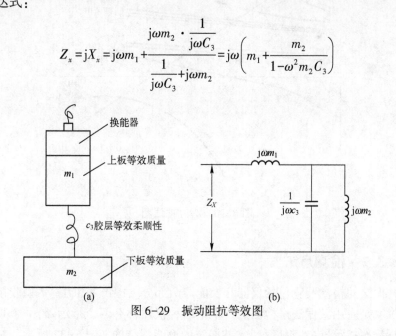

图 6-29　振动阻抗等效图

119

2. 负载阻抗对换能器特性的影响

工件胶接质量不同,负载阻抗 Z_x 相应变化,并将引起换能器耦合共振频率 f 的变化。现以各种不同黏接强度(C_3 不同)的试块在不同的频率 f 下振动,求出相应的负载阻抗 Z_x 来,在 Z_x-f 图上能画出一组曲线如图 6-30 所示。从图中可以看出,当 $C_3=0$ 时,$Z_{X0}=\mathrm{j}\omega(m_1+m_2)$;当 $C_3\to\infty$ 时,$Z_{X0}=\mathrm{j}\omega m_1$。所以,$C_3=0$ 和 $C_3=\infty$ 是两条直线。C_3 为零表示黏接强度趋于无穷大,令这时换能器与负载的共振频率为 f_{100}。在 $C_3=0$ 和 $C_3=\infty$ 曲线上取两点 A 和 B,过 A、B 的直线与各 C_3 曲线的交点,就是各种黏接强度下的共振点。因为黏接强度 $\tau\infty\dfrac{1}{C_3}$,所以可以分别作出 C_3-f_1 曲线和 τ-f_1 曲线,如图 6-31 所示,图 6-31(a)和(b)的横坐标为共振频率 f_1,取值是左低右高,但仪器示波管水平基线对应频率值却是左高右低,右左向右逐步降低,右端最低,故将图 6-31(b)翻转如图 6-31(c)所示。

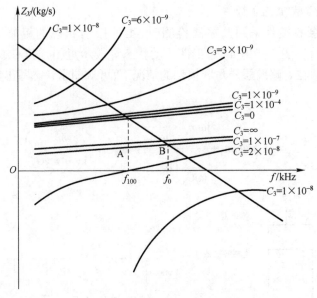

图 6-30　Z_x-f 曲线图

6.3.2　检测方法

共振法的检测装置包括仪器和换能器两部分。国产的 JQJ-77 型胶接强度检验仪就是应用共振法来检测的。不论何种仪器都有两个指示器,一个是阴极射线管频率指示器(A 刻度盘)。共振法的换能器结构如图 6-32 所示。它是共

120

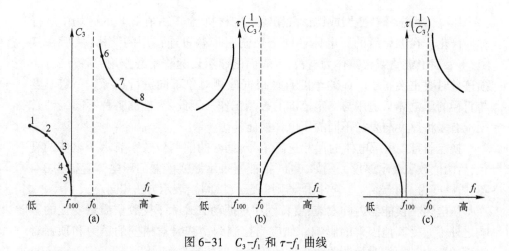

图 6-31 C_3-f_1 和 $\tau-f_1$ 曲线

振法检测装置的主要部分,是一种电声能转换器,电声转换通过单块压电体实现,单块压电体兼管发射和接收两种功能。因此,压电体的材料和尺寸的选择及它在转换器内的悬置都很重要。

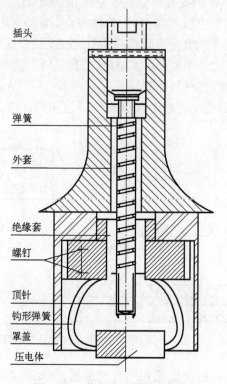

插头

弹簧

外套

绝缘套

螺钉

顶针

钩形弹簧

罩盖

压电体

图 6-32 共振法的换能器结构

压电体可选择钛酸钡或锆钛酸铅等压电材料制作,并在强烈的磁场中进行轴向极化。在极化后的压电体柱面上铣制三个悬置连接用的凹槽,然后在其上、下表面上镀铬或镀镍作为电极,下表面的镀层还起着耐磨作用,当镀层有磨损迹象时要更换。压电体的厚度直径根据检测对象不同进行选择。一定厚度与直径的压电体只适用与一定范围的被测工作。因此,为检测各种不同工件必须配有多种厚度与直径不同的压电体换能器。

换能器直接用压电体的尺寸进行编号,编号的前两位数字表示压电体的直径,后两位数字表示厚度。例如,3414 换能器表示该换能器的压电体直径为 3/4 英寸,厚度为 1/4 英寸。国产换能器则以毫米为单位,表示方法相同。

压电体在换能器内的安装,要特别注意振动方式除了受胶层质量变化的影响之外不应受其他因素的影响。如应当控制钩型弹簧对槽壁的压力和顶针对表面的压力。操作时换能器对工件的压力也应控制适宜。

1. 板—板胶接结构的共振法检测

图 6-33 是板—板胶接结构的共振法检测的示意图。由于要检测的是板—板胶接结构的抗剪强度,因此必须利用压电体的径向共振振动。当压电体与涂有耦合剂的工件接处时,共振频率将发生变化,即频率有所降低。由图 6-31 可见,胶接质量的变化(图中以 C_3 的变化来体现)直接影响共振频率的变化。因此从仪器上频率标度 A 的变化可直接判断出胶接质量的变化。图 6-34 是换能器在工件不同位置时的频率的显示。检测时,首先将换能器放在厚度与被检工件的顶板厚度相同的同种材料的单块板上,(图 6-33 中 A)并将波峰调整到 A 标度的中心位置;然后将换能器逐次放到所要检测的部位,按其波峰移动状况判断胶层的质量。

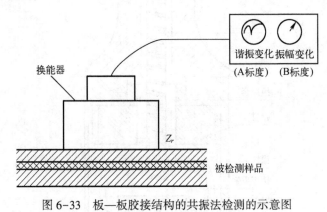

图 6-33　板—板胶接结构的共振法检测的示意图

(1)如果换能器放的位置是在严重脱黏区,例如在空穴部位,此时的胶接质量为0%。由于空穴缺陷处,顶板和底板完全没有粘住,换能器只能激起顶板振动(图6-34(c)),这和单块板的振动(图6-34(a))情况相同,其波峰位置仍在A标度的中心。这时的共振频率标为f_0。

(2) 如果换能器放的位置是在优良区,此时的胶接质量定为100%。由于顶板和底板通过胶层完全连接在一起,换能器的负载相当于一块厚度等于顶板和底板厚度之和的单块板,厚度大了,其共振频率将下降,在A标度上波峰的位置将向右侧移动(图6-34(d)),移动的距离根据底板厚度确定。这时的共振频率为f_{100}。

以上所标定的f_0和f_{100}的位置是胶接质量的极限位置,又称为频率窗口。

(3) 如果换能器放置的胶接质量处于0%和100%之间时,A标度上出现的波峰位置将处于f_0的左侧或f_{100}的右侧。当质量从0%开始提高时,A标度上的波峰从中心向左移动,但移动到一定距离后,波峰将在左侧消失,而在f_{100}的右侧出现一个新的波峰,随着质量的提高,该波峰继续再向左移动,直至达到f_{100}位置,如图6-34(b)、(e)所示。

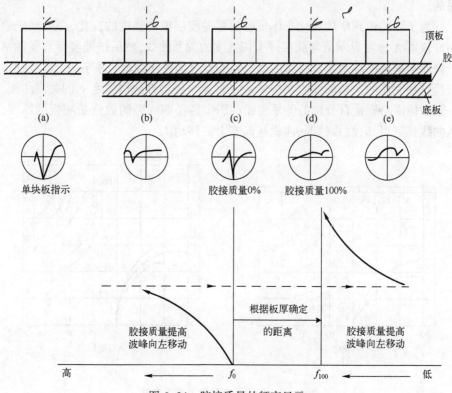

图6-34 胶接质量的频率显示

由于共振波峰用单块板件校准零位，以 A 标度的中心位置作为质量0%的，由底板的厚度确定 f_{100} 的波峰位置。显然，底板越厚，f_{100} 越远离 f_0；底板越薄，f_{100} 越靠近 f_0。当底板薄到某一程度，将 f_{100} 和 f_0 接近重合，两种质量情况下共振峰在同一位置不移动。这种情况下，表明所使用的换能器不能适用。为此每一种编号的换能一般都规定了底板的最小厚度。但是底板厚了对检测也有影响，当底板厚到某一程度时，f_{100} 将不会在 A 标度的右侧出现。在这种情况下，应将零位调整到 A 标度的右侧，才能得到理想的胶接质量显示。

此外，顶板厚度对波峰显示也有一定的影响。顶板越厚会使脱胶区的共振频率 f_0 越低。为此，检验仪通常规定了顶板的最大厚度。

用共振法除了能检测板—板胶接件的胶接缺陷外，还能用来测定胶接件的胶接强度。因为换能器触头接触工件时，具有使顶板弯曲的倾向，这个弯曲力受到胶层和底板的抵抗，其中胶层是决定弯曲度诸因素中的唯一变量。在胶接件弯曲中，顶板趋于收缩，底板趋于伸张，在胶层中就产生了剪切应力。因此，共振法检测仪所显示的频率变化是与胶层的剪切形变或胶接强度有密切关系的。

为了用共振频率的变化来体现胶接件的胶层剪切强度的变化，必须预先绘制好仪器 A 标度显示值与胶接件剪切强度的关系曲线，然后按照实际测量的 A 标度显示的频率移动在此关系曲线上对照计算出胶接强度。图 6-35 就是利用胶接试片制作的关系曲线。其中 a 是 A 标度与胶接件剪切强度 τ 的关系曲线，b 是 A 标度与质量百分比的关系曲线。图中各条曲线旁的数值是底板的厚度。从曲线排列可知，底板越厚，曲线越向右上方移动。

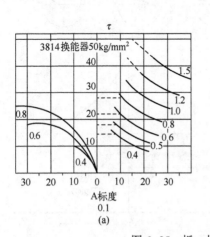

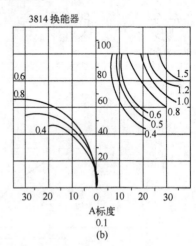

图 6-35　板—板胶接件的关系曲线

124

2. 蜂窝夹芯胶接结构的共振法检测

用共振法检测蜂窝夹芯胶接结构(图6-36)时可以测出胶接件的纵向抗拉强度,它和检测板—板胶接不同,后者是利用压电体的径向振动来测出胶层的剪切强度,而前者则是利用压电体的轴向振动来测出蜂窝夹芯与面板之间的抗拉强度。当换能器的触头与涂有耦合剂的一定厚度的面板接触时,共振频率也将有所变化。由于面板与蜂窝夹芯构成了胶接结构,而夹芯的质量相对来说比较小,因此胶层质量的变化不会使共振频率有明显的改变,但却能使压电体的振动减弱。换句话说,质量的好坏主要依据振幅的变化,即 B 标度显示,如图 6-37 所示。

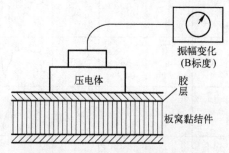

图 6-36　共振法对蜂窝结构的检测

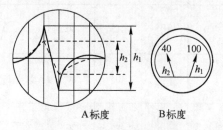

图 6-37　胶接质量的振幅显示

检测时,首先将换能器与壁厚等于胶接件顶板厚度的单板块耦合,调整 A 标度的波峰处于中心位置,B 标度上的指针指着 100。当换能器逐次放在各个检测部位时,B 标度的数值将随着胶层质量的变化而变化,在脱胶处,B 标度指示为 100,与单块顶板耦合时的情形相同。胶接质量提高,B 值下降。在胶接优良区,B 值下降到某一定值。

对蜂窝胶接件来说,共振法能检测其抗拉强度,此时换能器做轴向振动,激发工件也做轴向振动。借助予先制定的 B 值与抗拉强度曲线,便可估算出工件抗拉强度的大小。

用共振法检测的声振仪,国产的有 JQJ-77 型胶接强度检验仪,可用来检验

125

板—板胶接件和蜂窝夹芯胶接件的脱胶伤以及测量其强度。该仪器换能器基本参数及应用范围列于表6-3中。

表6-3　换能器的基本参数和应用范围

换能器编号	换能器尺寸/mm	一般用途	可测顶板最大厚度/mm	可测顶板最小厚度/mm	使用共振频率/kHz	仪器扫频宽度/kc	共振峰附近波形
1510（3825）	φ38.1 t25.4	检测板一般结构	7.5		77	15	77
1913（3412）	φ19.0 t12.7	检测板一般结构	5.0		145	30	145　178
1006（3814）	φ9.5 t6.3	检测板一般结构	2.0		300	60	300　360
0606（1414）	φ6.3 t5.3	检测板一般结构	0.6		350	30（或60）	350　430
1510（3825）		检测板与蜂窝结构	5.0			30	
2513（1612）	φ25.4 t12.7	检测板与蜂窝结构	4.0		215	30	215
1906（3414）	φ19 t63	检测板与蜂窝结构	1.2		405	30	344　405　450
1306（1214）	φ12.7 t6.3	检测板与蜂窝结构	1.5		420	30	371　420　480
1303（1218）	φ12.7 t3.2	检测板与蜂窝结构	0.6		580	30	548　580　620

126

第7章 飞机复合材料其他无损检测技术

7.1 太赫兹检测技术

7.1.1 概述

太赫兹波指频率在 0.1~10.0THz(30μm~3mm)范围的电磁波,因此它具有很多优异的性质。①具有特别的穿透力,能以很小的衰减穿透如陶瓷、脂肪、碳板、布料、塑料等物质,还可以无损穿透墙壁、沙尘烟雾,使得其能在某些特殊领域发挥作用。②探测安全性高,太赫兹光子能量小,只有毫电子伏特,因此不容易破坏被检测物质。③抗背景噪声干扰能力强,太赫兹具有很高的空间分辨力和时间分辨力。利用取样测量技术,太赫兹探测器能够有效地抑制背景辐射噪声的干扰。④大容量、高保密的宽带信息载体。太赫兹波的频带宽、测量信噪比高,适合于大容量与高保密的数据传输,而且太赫兹波处于高载波频率范围,是目前手机通信频率的 1000 倍左右,可提供 10GB/s 的无线传输速率。正因为太赫兹波具有这些特点,所以被美国评为"改变未来世界的十大技术"之一。

利用太赫兹波对大部分干燥、非金属、非极性材料(如泡沫、陶瓷、玻璃、树脂、涂料、橡胶和复合物等)有较好的穿透能力,并结合各种成像技术,就可以对材料中的缺陷进行检测,因此无损检测正成为太赫兹技术的主要应用之一。作为一种新兴的亚表面定量检测技术,太赫兹无损检测广泛适用于航天飞机外挂燃料箱防热材料、泡沫夹芯雷达天线罩板块等多种材料与结构的检测。它的研究对于确保这些构件的安全可靠使用具有重要意义,国外多家政府机构、高等院校和公司都对该技术给予了很大关注,有关的新理论、新方法和新应用不断涌现。

在太赫兹无损检测中,通常采用已知波形的太赫兹辐射照射被测物体,太赫兹波与被测物体相互作用后在辐射源处或其附近被接收,利用物体的介电性质或者物体中的不连续性对太赫兹信号的影响,通过测定并分析太赫兹信号的改变从而得到该物体的内部结构。目前,国内外使用太赫兹时域光谱(TDS)技术作为太赫兹无损检测的实现手段,下面将对太赫兹时域光谱系统作详细介绍。

7.1.2　国内外太赫兹时域光谱系统的发展现状

国外太赫兹技术研究成果已经商业化,国际上生产并销售太赫兹时域光谱系统的厂家主要集中在欧美国家,如 TeraView 公司、美国 API 公司、美国 Zomega 公司等。目前,美国 API 公司生产的 T-Gauge 太赫兹时域系统带宽为 0.02~2THz,输出频率可以达到 1kHz,是世界上速度最快的时域太赫兹系统,该系统可实现移动中的测量,已经用于无损检测,工业在线质量控制,安检成像等应用中。

中国太赫兹技术及研究起步稍晚,目前处于实验室研发阶段,也有应用型的产品问世。国内太赫兹技术主要侧重于太赫兹产生源和太赫兹探测这两个方面的研究。例如,中国科学院苏州纳米技术与纳米仿生所 2012 年底研制出太赫兹探测器,中国科学院微电子研究所微波器件与集成电路研究室(四室)太赫兹器件研究组研制出的太赫兹肖特基二极管和应用于太赫兹频段的石英电路,性能与国际同类产品相当。但是国内还没有太赫兹时域光谱系统的商业化产品,这也是国内太赫兹技术需要攻克的技术难题之一。

7.1.3　检测设备

1. 工作原理

T-Gauge(T-Ray5000)太赫兹时域光谱系统使用一个紧凑型传感器技术计量基础重量、密度、钳厚度、分层厚度和水分,如图 7-1 所示。

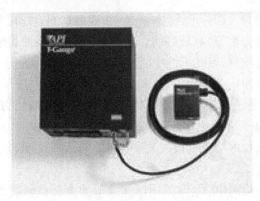

图 7-1　T-Gauge 太赫兹时域光谱系统(控制器、电缆、探头)

TCU5200 脉冲太赫兹控制器是 T-Gauge 时域太赫兹系统的核心。控制器集成了超短脉冲激光、高速延迟线和数据采集电路,可以获得10ms波形采集时间,TCU5000是速度最快、功能最齐全的时域太赫兹系统。控制单元发送准确的控制光学信号到发射头和接收头上,使发射头和接收头产生并接收太赫兹信号,被测量的太赫兹信号以1kHz的速度被处理并输出。

通过使用超短脉冲飞行时间来进行测量检测,T-Gauge系统可以更好地适应环境,并且对更多种类的金属和类金属物质进行检测和分析。

T-Gauge的放射性功率非常低,不仅具备超大检测能力,而且不含有对人体有害的放射信号,在使用安全上无电离辐射。

2. 实现功能

一台T-Gauge太赫兹时域光谱系统内部集成了超快激光器、高分辨率高速波形扫描仪以及独立的数据采集系统。通过扫描复合材料,可以很容易在计算机上得到复合材料的分层和水侵入等缺陷的太赫兹成像,并做出及时修补复合材料缺陷的措施。图7-2、图7-3分别展示了太赫兹检测的雷达天线罩实物和检测后的图像。

图7-2 雷达天线罩

3. 技术参数

太赫兹无损检测技术参数如表7-1所列。

表7-1 技术参数

参 数	规 格	备 注
带宽	0.02~2THz	3THz可选
偏振消光比	>20:1	

参　数	规　格	备　注
信噪比	>70dB	频率
快速扫描范围	320ps	
快速扫描速率	100Hz	1000Hz 有效
外部监测接口	DVI	
A/D 动态范围	16Bit	
电流要求	<4Amp	110V,60Hz
尺寸	17.5×22×7 英寸	W×D×H
质量	16kg	

图 7-3　检测出雷达天线罩玻璃纤维和泡沫结构复合材料的分层斑点

7.1.4　太赫兹技术应用于无损检测的优势

太赫兹检测与其他无损检测技术相比,在检测非金属材料内部缺陷方面具有独特优势。

太赫兹波可以穿过不透明的材料,检测到可见光探测不到的内部缺陷。它还可以用于绝热材料,对于这种材料热成像失效。

和 X 射线相比,它对人体不构成辐射危害,还能为软材料提供更好的对比度。

与超声波相比,它可以根本不接触物体表面便实现成像,而且在有些材料中声波极度衰减,太赫兹波对于这些材料却适用。

太赫兹检测和微波检测比较起来有许多共同之处,如太赫兹辐射和微波都

130

能够穿透非金属材料、从金属材料反射,两种技术的工作方式也类似。但两者之间存在着一些重要的区别:首先,太赫兹成像一般工作在100GHz~3THz频段,微波成像处于40~90GHz频段,太赫兹成像更高的频率提高了理论上的最大分辨力(分辨力高10~50倍),从而能够检测到微波技术不能分辨的小缺陷;第二,脉冲太赫兹方法产生具有很宽频带的脉冲,而不像连续波微波系统那样单一的频率。太赫兹成像的短脉冲消除了会困扰微波连续波技术的距离模糊和驻波图,并且这种方法为比较高级的信号处理技术留有应用的空间。

7.1.5 应用案例

1. 太赫兹时域光谱系统应用于航天飞机复合材料无损检测

2003年,美国"哥伦比亚"号航天飞机事故经过调查被归因于燃料箱泡沫绝热中缺陷引起的泡沫材料分离。泡沫在太赫兹频带具有很低的吸收系数和折射率,因此,太赫兹波有可能穿过厚的泡沫材料并检测到深藏其中的缺陷,美国宇航局开始把太赫兹技术应用于航天飞机发射之前外挂箱绝热泡沫的质量控制。

自从2003年美国"哥伦比亚"号航天飞机失事以后,美国宇航局开始使用Picometrix公司生产的太赫兹产品QA1000进行航天飞机外挂燃料箱的泡沫材料的无损检测,探测泡沫材料的缺陷,如图7-4所示。使用Picometrix公司QA1000或T-Ray 4000时域系统对航天飞机燃料箱泡沫进行太赫兹检测证明成为没有缺陷的被批准的检测方法。

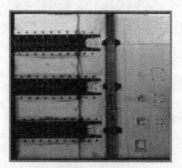

(a) 航天飞机外形图　　　　　　　(b) 检测出的泡沫材料缺陷

图7-4　太赫兹产品应用于航天飞机复合材料的无损检测

2. 太赫兹时域光谱系统应用于雷达天线罩复合材料无损检测

Picometrix(API)公司对用于地面雷达天线罩板的先进复合材料(一般是介电材料的夹层式结构,如玻璃纤维增强树脂表面层和发泡芯材)进行时域太赫兹检测,证明了太赫兹成像对其中分层与渗水的定位和识别能力。

太赫兹时域系统由光纤电缆连接到主控制单元。这个链接携带光学和电子信号来回扫描(图7-5(b))。扫描仪有15cm扫描宽度,可以在圆顶的表面以12.7cm/s的速度波动扫描。

雷达天线罩复合材料的分层和水侵入分别如图7-5(c)和图7-5(d)所示。由于水吸收太赫兹能量,水入侵呈现黑色。分层的自动检测可以由波形的高级分析得出。

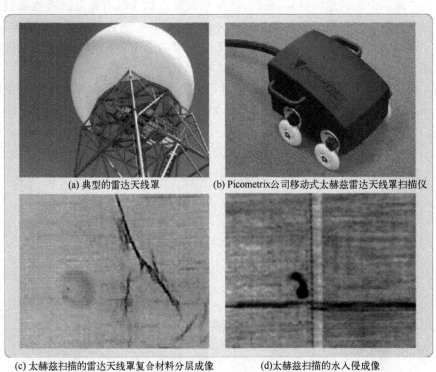

(a) 典型的雷达天线罩　　　　(b) Picometrix公司移动式太赫兹雷达天线罩扫描仪

(c) 太赫兹扫描的雷达天线罩复合材料分层成像　　　(d)太赫兹扫描的水入侵成像

图7-5　太赫兹技术在雷达天线罩无损检测中的应用

7.2 声发射检测技术

7.2.1 概述

声发射(Acoustic Emission,AE)是一种物理现象,它是指固体材料内部的或表面的局部地区由于变形或者损坏或者相变等突然快速释放所储存的应变能量时伴随产生瞬态弹性波的一种现象。因此,声发射有时也被称为应力波发射。在复合材料中某些类型的缺陷,如裂纹,当它们发生成长或表面互相摩擦等活动时,会产生能量的突然释放。缺陷部位产生向周围传播的应力波,即发生声发射现象。

声发射源释放出的弹性波,通常称为声发射信号。声发射信号携带有结构自身或结构中缺陷处的大量的信息。利用适当的传感器接收声发射信号,用仪器接收、记录、分析接收到的声发射信号,并且运用某种形式的指纹分析技术,从声发射信号中推断声发射源的位置和类型特性等信息,研究材料性质、动态评价结构的完整性等,称为声发射检测技术。简单地讲,声发射检测技术是通过接收和分析材料的声发射信号来评定材料性能或结构完整性的无损检测方法。

声发射信号的频率范围一般都很宽,从几赫兹的次声频、20Hz~20kHz 的声频到数十兆赫兹的超声频。声发射检测技术一般使用在 30kHz~30MHz 范围的声发射信号,属于超声波频段。

声发射信号的幅度取决于所释放的应变能的大小,可能出现的幅度变化范围一般也很大。大多数材料在变形和断裂时都有声发射发生。声发射信号的频率也包括了声频。如果声发射释放的应变足够大,就可产生入耳听得见的声音。但很多情形下声发射信号的强度很弱,人耳不能听见,需要借助灵敏的电子仪器才能检测到。声发射的主要来源是裂纹在扩展中应力被释放时所释放的能量。能量的释放量则取决于材料中的细节和裂纹的性质。声发射源的应力波幅度可使声发射传感器的输出达到数微伏特到数百毫伏特。

声发射检测技术是倾听结构内发射出的猝发超声脉冲波。声发射检测设备自己不发射声波,只是接收被检测试件在加载后产生的声波信号。因此,声发射检测技术是一种被动无损检测技术。依赖于试样内部的而不是外部的信号,是声发射检测技术与其他利用应力波的技术的根本不同。

声发射信号是缺陷对于由某些力的或热的作用使物体发生变形时的响应。因此,监测声发射信号,就可以连续监视材料内部变化的整个过程。声发射检测技术是一种动态无损检测方法，也就是监测的方法。声发射信号来自缺陷本身，因此，用声发射检测法可以判断缺陷的活动性和严重性。

需要注意的是，有两点特性与声发射检测相关。为使材料中的声发射源产生应力波，必须先激活它。激活材料中的声发射源一般有施加外部载荷或利用环境负荷两种方式。第一，因为需要人工施加载荷，所以严格来讲，声发射检测不是纯粹的被动检测；第二，所谓激活，就是使声发射源活动，即材料必须有损伤增长的活动，如发生裂纹扩展，即只有在损害发生时才能检测到缺陷，因此有些人认为，声发射检测不是真正的无损的检测。

然而，损害不等于有危险。声发射检测能够在缺陷变得对结构安全有危险之前，发现和检测出缺陷，并动态监测它们。这个特点使声发射检测技术成为十分重要的无损检测和监测技术。

声发射检测技术的有效性依赖于对声发射信号的处理。先进和强大的信号处理方法和技术对声发射检测是至关重要的。

当今，声发射的概念已经广义化。人们把声发射源分为一次声发射源和二次声发射源两种类型。一次声发射源是传统意义上的概念，常常也就直呼其为声发射源。它是指由于变形、断裂和裂纹扩展等原因产生的弹性波源。如塑性变形、断裂、相变、磁效应以及表面效应产生的声发射源均称为一次声发射源。一次声发射源直接与材料的变形和断裂机制有关，是结构失效的重要机制。二次声发射源是广义化的概念。人们把流体泄漏、摩擦、撞击、燃烧等产生的发声也称为声发射。二次声发射源是指与物体变形和断裂没有直接关系的发射声源。一次声发射源也笼统地称为其他声发射源。

声发射使用传感器来监测材料中发射的应力波，所确定的是复合材料在大尺度上的效应，一般与结构整体上的完整性和/或强度有关。该方法通常是通过比较而不是测定绝对数值来识别系统性的变化。声发射检测技术一般用于复合材料承力结构件的整体无损检测，通常对单个缺陷的检测准确性较低。

人们很早就注意到声发射现象，如"木爆"。老式的房子是木结构的，木头在环境负荷的作用下，产生内部爆裂而发出清脆的响声，人们称其为木爆。在安静的深夜，木爆声响十分惊人。环境负荷包括温度、湿度和重力等。现代的声发射检测技术开始的标志是 1950 年联邦德国人凯塞（J. Kaiser）的研究。凯塞对金属中的声发射现象进行了系统研究，探索了金属塑性变形声发射与位错运动的关系。20 世纪 60 年代初，声发射检测技术开始在无损检测方面的应用。1964 年，美国首先将声发射检测技术应用于火箭发动机壳体的质量检验并取得成功。此后，声发射检测技术获得迅速发展。20 世纪 70 年代到 80 年代，人们在声发射源机制、应力波的传射信号分析等方面开展了广泛和系统的研究。美国首先开始了复合材料声发射检测技术的研究工作。20 世纪 80 年代,声发射检测技术在英国、德国、日本等国得到了迅速发展和广泛应用。20 世纪 80 年代初,美国物理声学公司(PAc)将现代计算机技术引入声发射检测系统,逐步地设计生产出现代的带有高级检测和数据分析软件的多通道数字式声发射检测分析系统。

最初,应用声发射检测技术到大型结构是有难度的。随着解释信号资料的技术的发展和水平的提高,这些年来声发射检测技术的应用不断增加。全波形数据采集和分析技术为声发射检测技术开辟了广阔的发展道路。例如,在精炼油厂,该方法已经被储罐和容器的状态评估筛选所接受。

声发射检测技术在我国也得到重视并有着广泛的应用。20 世纪 70 年代初,我国就开展起金属和复合材料声发射特性的研究,现已经在声发射仪器制造、金属材料、复合材料、过程监测、压力容器、航空航天等众多领域应用声发射无损检测技术。

近年,声发射检测技术在我国某部门的飞机的疲劳试验和延寿实验中发挥了极其重要和十分成功的作用。

7.2.2　声发射检测技术原理

1. 声发射检测过程

声发射检测过程是一种动态监控的过程。声发射检测技术涉及声发射源、应力波/超声波的传播、声发射传感器、声发射信号接收和相应电子线路、声发射信号处理、数据显示与记录、解释与评定等概念。

声发射检测时,在可能是被监测物体结构的薄弱点附近,放置多个压电传感器进行监测;然后,给物体施加外部载荷,物体在外部载荷的作用下,刺激结构内部的特征产生声发射。对于管道,载荷可通过控制管道内部的压力来实现。声发射源发出应力波向四周传播,应力波到达物体表面,引起物体表面的机械振动;安装在物体表面的声发射传感器将机械振动位移转化为电信号;接收到的声发射电信号经过放大、滤波和信号处理后,一方面由声发射仪器记录并显示声发射波的波形;另一方面由声发射仪或操作人员分析处理,提取声发射源的特征参数,以评定声发射源的类型特性和源定位等。声发射源的定位通常利用安装多个传感器在不同地点测量声发射信号的声时和应用三角几何关系计算来实现。

2. 声发射信号的主要参数

声发射信号是瞬变的。然而压电传感器所接收到的瞬变信号,却并不都是声发射信号。在一个给定的时间段内,物体结构中存在许多瞬变信号,它们与其他过程有关而与真实的缺陷无关。将每个瞬变信号按照多个特征参数转换成一个事件是识别缺陷信号的第一步。声发射信号在物体内部沿着复杂的途径传播，经历了多次反射和波型转换。声发射检测仪检测到的单个声发射信号是一个复杂信号。通常，使用两个主要参数表征声发射信号，一个重要的声发射参数来显示声发射信号的功用，并使用多个辅助参数表达单个声发射信号的细节。表征声发射信号的两个主要参数分别是振铃计数和事件计数。显示声发射信号功用的重要参数是费利西蒂比。表达单个声发射信号细节的多个辅助参数分别是阈值电压（Voltage Threshold）、峰值振幅（Peak Amplitude）、上升时间（Rise Time）、持续时间（Duration）、脉冲能量（Pulse - Energy）和频率（Frequency），如图7-6所示。

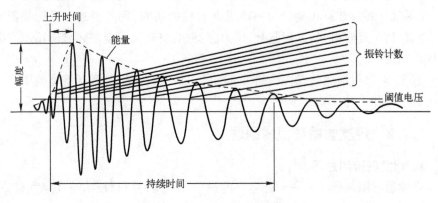

图7-6　声发射信号参数定义图

3. 复合材料声发射检测

声发射技术对复合材料的很多种类的缺陷的活动具有探测能力，因此它对监测复合材料的结构部件或者监测已知有了损伤的局部位置的损伤发展、监测化工压力容器和管道、监测复合材料修理等特别有价值。先进复合材料中能够产生声发射的缺陷主要有纤维断裂、基体微裂纹、基体宏观裂纹、纤维—基体界面脱黏、纤维断裂、基材断裂、分层扩展、纤维拔出、开裂、失效后的纤维松弛、界面分离、大缺陷（如层间缺陷）和脆性界面层断裂等。缺陷的形成、生长或忍受负荷等都可能产生声学的响应。使用声发射检测可识别的缺陷包括分层生长、裂纹增长、纤维断裂、泄漏、大应变等。

声发射检测完全基于从物体表面实测的声发射信号来表征声发射源。这是一个具有挑战性的任务。很多因素都会影响所测得的信号的特性，这些因素在表征声发射源时可能都需要考虑。这些因素主要有以下诸多内容：

（1）波传播的效应。物体的几何结构、声波的反射规律、波的模式特性包括色散特性和衰减特性、结构材料的特性、波速度、衰减的频率特性等。

（2）传感器特性和声源位置。声源的辐射模式、声源深度等。

（3）传感器与检测器电子技术。频率响应、传感器绝对校准等。

通过对复合材料或胶接结构在加载过程中产生的声发射信号进行处理和综合分析，就可以对复合材料构件的整体质量水平进行综合评估，得到复合材料中损伤的发展情况与破坏模式，预测复合材料构件的最终承载强度，并能够确定出构件质量的薄弱区域位置和大小。应用声指纹技术，声发射可以作为一个有效的筛选工具来表征有着不同程度降解的复合材料的声响应。

由于复合材料不同损伤类型将产生不同特性的声发射信号，因此对损伤产生的声发射信号进行连续在线监测就可以实现对复合材料工件的实时在线监测，而不管损伤类型是否发生了其他的变化。因此，声发射技术是一种动态的无损检测技术。

声发射检测技术是检测复合材料结构整体质量水平的非常实用的技术手段，使用方法简单、方便，可以在测试材料力学性能的同时获取材料动态变形损伤过程中的信息。

体积缺陷，如夹杂、异物、被困住的薄膜或小气泡群等，除非这些缺陷能够启动一个更大的缺陷发生，否则它们是不可能被检测到的。但是，主要的挑战是对声发射信号源的定位和表征。

4. 声发射检测数据分析

声发射检测技术通过拾取组件因非弹性变形所产生的应力波来监测整个组件系统的整体性能。常规的检测过程包括输入—数据分析—输出三大步骤。

（1）输入。为了获取声发射信号，在应用该项技术时在组件上至少要放置两个传感器，但一般往往要放置很多传感器。然后使用这些传感器持续地或按照固定的时间间隔监测与记录组件中发生的声发射事件。记录下的声发射信号是一系列触发脉冲串。输入的内容还包括许多已知的辅助信息，如声发射检测仪设置的工作参数、组件的结构强度、声发射源可能的机制等信息。

（2）数据分析。对于已经记录下的声发射信号，按照声发射信号的参数提取出这些参数的数值；提取声发射信号的频谱，并做时间—频谱分析；结合其他的已知辅助信息，对声发射信号进行分类，并且得到一些结论供输出。分析信号可以用多种方法，最常用的方法有幅值—时间曲线、振铃计数—时间曲线、事件计数—时间曲线、接收信号累积的能量—时间曲线、信号的频谱等。

（3）输出。输出也就是数据分析的目的和结论。输出结论分为大尺度的结论和小尺度的结论两类。大尺度的结论有组件结构的强度等，小尺度的结论有组件中声发射源的位置和机制等。输出设备包括视频显示器、PC等。

上述传统的数据分析方法遇到许多困难。首先,背景噪声往往使明确地识别出信号的难度增加。声发射传感器和应力波的实际传播情况对声发射信号的特征提取有着十分敏感的影响。所有这些使得在很多情况下所导出的结论的有效性大打折扣。

利用多个传感器,通常是 2~10 个传感器,根据接收到的相似的声脉冲信号之间的时间差,应用三角几何规律可确定声发射源的位置,这是声发射检测最成功、最有用的方面。即使如此,由于声波在复杂结构和大体积结构中的多途径传播和声波波型转换,所确定的声发射源位置也可能只能达到某种程度的确定性,推断部件中缺陷的性质是非常困难的。只有当与试件相同的材料中的裂纹声发射已经在实验室仔细表征过时,所做的推断才比较可靠。

利用先进的模态分析技术,则有可能更精细地解释数据,比较好地实现一些缺陷表征。

模态分析是针对板材提出的。声发射模态分析是针对聚合物基复合材料板中的声发射源,表征它们的微型损伤机制的一种方法。

声发射源表征应该提供出一些关于损伤机理、源的方向和源相对三维位置的准确信息。声发射源表征技术应该是强壮的。对于结构材料类型和几何形状的变化,对于源/传感器的位置的变化,对于传感器类型的变化,模态分析技术的有效性有着鲁棒性。

在薄板中,声波以板波模式的形态传播,板波有三种类型,分别为对称模式(伸展模式)兰姆波、不对称模式(弯曲模式)兰姆波和 SH 剪切板波。频率相同的不同类型的板波,具有不同的传播速度。这些波是色散的,它们具有相速度和群速度两种传播速度。它们的群速度与频率的关系可以用实验方法和理论方法来确定。即可以对接收到的信号做时间—频率分析。声发射模态数据的时频分析有小波分析和平滑维格纳分布两种主要方法。

7.2.3 声发射检测的特点

声发射检测技术根据检测信号类型不同,可以分为突发信号声发射检测技术和连续信号声发射检测技术两大类。突发信号检测技术是目前应用最广泛的声发射检测技术,如压力容器的声发射、结构件的声发射等。连续信号检测技术是目前比较热门的声发射研究方向之一。无论是突发信号声发射检测技术还是连续信号声发射检测技术都是利用了被检件在应力激励下,材料内部结构发生相应的变化,伴随着这些变化在活动性缺陷处释放出声发射应力波,然后被声发射检测系统接收,进而确定这些活动缺陷的位置、性质、严重性程度等。若被检件内部的缺陷在应力激励下没有发生活动,则不会发生声发射的应力波,声发射检测技术也就无法确定缺陷的位置,更不用说分析缺陷的性质和严重性了。声发射的主要优点同时也是它的主要局限性。声发射检测技术与其他无损检测技术有着重大的区别:

(1) 检测技术只能检测动态缺陷,如局部断裂事件、裂纹的扩展等。

(2) 检测技术能够给出复合材料构件将要发生显著恶化的预警。

(3) 检测的被动性决定了它是一个监测的方法,而不是一个检测技术,其主要用于结构完整性的监测。

(4) 检测需要加载来刺激缺陷发生改变,因此不是严格意义上的无损。

(5) 技术在复合材料监测领域特别有价值,因为它具有探测很广泛的缺陷动态的能力。从声发射检测技术的原理来看,任何影响声发射的因素都会对声发射检测的结果产生影响。例如,一个同样大小、同样性质的缺陷,当它在同一被检件上所处的位置不同时,由于应力状态的改变,会使检测结果完全不一样,在某一位置时可能对结构没有危害,而在另一位置时则对整体结构产生巨大的伤害。也就是说,声发射检测技术所发现的缺陷损伤严重性与结构强度直接密切相关。声发射集中的区域往往是被检件的最终断裂位置,这一点是其他无损检测技术不能实现的。

声发射应力波是一种频率成分十分丰富的复合机械波,其在被检件中传播时会受到被检材料成分变化、结构变化等影响,发生几乎不可预测的波形转换及衰减,使检测人员很难利用传感器接收的信号波形推断出缺陷处的原始声发射波形。被检件在应力作用下发生多处声发射的现实进一步增加了对原始波形进行处理分析的难度。因此,现在主流的声发射检测技术都主要致力于经传感器转换之后的声发射信号的处理与材料的声发射特征分析上,并通过大量分析数据基础上进行统计再推断声发射源的特征。所以努力探究声发射源的机制及声发射应力波的传播规律是声发射检测技术的重要研究方向之一。

声发射检测技术不仅可以检测复合材料缺陷的萌生与扩展情况,更能有效地用于对缺陷的危害性进行评估与分析,实现对复合材料动态和在线的无损检测,并预测材料的最大承载能力,最终实现对复合材料进行安全可靠性及寿命评估。与其他传统无损检测技术相比,声发射检测技术具有以下明显优势:

(1) 可检测对结构安全更为有害的活动性缺陷。实时性好,由于可提供缺陷在应力作用下的动态信息,因而适合于评价缺陷对结构的实际有害程度。

(2) 对大型构件,可以实现连续在线整体或局部的监测,并且可以多通道同时检测,不必进行繁杂的扫查操作,而只要布置好足够数量的传感器,经一次加载或试验过程,就可以确定缺陷的部位,从而提高检测效率。

(3) 声发射检测方法损伤检测灵敏度和精度较高,甚至可以达到零点几毫米的数量级。

（4）对检测的外部环境及被检测构件形状要求不高。可以实现在高/低温、核辐射、易燃、易爆及有毒等恶劣环境下的检测，并且能够对其他方法不能检测的复杂形状的构件进行在线监测。

（5）可提供缺陷随载荷、时间、温度等外变量而变化的实时或连续信息，允许对已知的缺陷进行监测。因而适用于工业过程在线监控及早期或临近破坏预报。

与此同时，声发射检测技术也存在以下局限：

（1）通常需要对复合材料构件进行加载才能进行检测；而且，不是所有的缺陷都会有响应，无法给出不活动缺陷的信息。只能检测正在发生损害的缺陷，是声发射检测的主要缺点。

（2）声发射检测很难确定缺陷的尺寸。对于几何形状复杂的复合材料，缺陷定位是一个特别困难的事情。复合材料特性对声发射波的特性影响很大，同时声发射信号往往比较微弱，需要较好的信号处理方法及研究有效的声发射源定位、识别方法。

（3）声发射特性对材料的种类极为敏感，又易受到机电噪声等环境噪声的干扰，因而对数据的正确解释需要专门的知识和更为丰富的数据库及现场检测经验。

（4）材料的声发射一般具有不可逆性，这决定了加载时是声发射检测最佳的检测时机，这通常只有一次机会。

（5）传感器需要黏附。声发射波传播过程中能量和幅值都会随距离增大而迅速衰减，遇到结构材料变化时可能会发生模式变换，在结构边缘甚至可能会发生界面反射，声发射源信号到达声发射传感器时将发生很大的变化，因此需要对采集的信号进行相对复杂的处理。

（6）存在虚假报警的可能性。声发射检测所发现缺陷的定性定量的确定，例如，确定缺陷的尺寸和损伤模式，仍需依赖于其他检测技术。

7.2.4　仪器器材

1) 检测系统的分类

高灵敏度声发射仪器可检测到被测物体表面传播的应力波，例如，缺陷扩展所产生的应力波在被检测物体中的传播。通过对传感器采集到的信号进行分析处理，就可以检测到被检测物体的缺陷，通过源定位方法就可实现对缺陷进行准确的定位。

自 20 世纪 60 年代末，首台声发射仪器商品问世以来，相关仪器商品已更新换代多次,在结构、功能、数字化程度和价格上均有很大变化。声发射检测系统按照通道数量可分为单通道检测系统、双通道检测系统、多通道检测系统;按照功能可以分为工业专用检测系统、通用型检测系统;按照原理分类可以分为波形采集型检测系统、参数采集型检测系统、混合型检测系统;按照数字化程度可以分为模拟式检测系统、全数字化检测系统;从仪器结构上可以分为单片机检测系统、微机控制式检测系统、插卡式检测系统等。现代检测仪器发展的主流是体积小型化、功能强大化、价格低廉化。

2)声发射检测系统的组成

声发射检测系统一般由硬件系统和软件系统组成。声发射检测系统的硬件由一个声发射通道或多个声发射通道按并行结构组合而成。声发射通道由一个声发射传感器及处理该传感器接收到的超声波信号的单独的电子处理系统组合而成。声发射检测系统的软件一般与检测系统的数据存储和工作控制一起存放于一个计算机中。检测复合材料的声发射设备如下:

(1)声发射数据采集系统。在开发应用时,可以用计算机插卡方式供应。

(2)合适的数据采集和分析软件。

(3)声发射传感器。通常按照三角学定位的要求分组。

(4)引线和多路复用设备。

(5)黏附传感器到组件上面的合适的材料。

对于数据采集系统,以单通道声发射检测系统为例,其主体由传感器、前置参数测量单元、计算单元/记录与显示单元组成,如图7-7所示。

图7-7 检测系统的组成示意图

多通道声发射检测系统是在单通道系统的基础上增加独立通道控制器、总通道协调器、通道间数据而构成的,所增加部分的主要作用是协调各检测通道之间的工作,其中最重要的一项工作就是统一数据的采集时间。典型的声发射检测仪器如图7-8所示。

3)声发射仪器性能指标

在选用声发射检测仪之前,应考虑一些重要技术指标,根据使用需求,选择适用的型号,并配置合理的配件。下面按设备性能对检测仪器进行介绍。

(1)仪器的通道数。仪器通道数的选择会直接影响传感器的间距大小的选择和检测效率,而传感器的间距会影响声发射信号的衰减量。为了保证对声发射信号的有效接收并形成定位,衰减量必须在可控的范围内。声发射信号的

141

图 7-8　典型的声发射检测仪器

衰减同时还受到被测物材料性质、厚度、温度、气压、信号频率的影响。如果被测物的信号衰减较小,选择合适通道数是检测结果有效的重要保证。对实验室材料试验、现场构件检测、各种工业过程监视等不同的检测对象的尺寸和形状,需要选择不同类型的通道数。例如,对实验室研究,多选用多通道型检测系统。例如,德国 AMSY-6 声发射仪器可以选择的通道数通常为 4 个、12 个和 32 个。

(2) 数据处理能力和通过率。随着数字电路和数字信号处理技术的发展,声发射检测系统在处理速度、存储能力和处理通道上得到了进一步的发展。

通常需要根据所需检测材料产生的数据信息类型和分析方法选择检测系统的功能和性能,如选择采集波形、源定位的种类、信号处理的工具和方法等。

声发射检测系统不同于通用数据采集系统,主要在于硬件实时对声发射参数的提取。这是因为普通计算机与数据采集外设系统的数据通过率不能满足声发射信号大数据量波形数据不丢失传输的要求。很多声发射应用要求不允许任一时间段的信号丢失,例如,裂纹开裂瞬间信号的丢失就是严重的漏检等。世界上主要的声发射仪器厂商都要在数据采集单元对大数据量波形数据进行连续实时信号处理,并提取转换成为小数据量的声发射参数数据后再传送到计算机中,以保证任何时间段信号不丢失或少丢失。因此声发射仪器特有(不同于通用数据采集系统)的重要技术指标为实时连续声发射参数通过率和声发射参数分析显示。

(3) 采样率与采样精度。采样率,也称为采样速度或者采样频率,定义了每秒提取并组成离散信号的采样个数,一般用赫兹(Hz)来表示。采样精度决定了连续信号的动态范围,它以位(bit)为单位,如 8 位、16 位。8 位可以把声波分成 256 级,16 位可以把同样的波分成 65536 级的信号,位数越高,连续信号的保真度越高。采样频率与采样精度是连续信号的重要参数。

德国 VALLEN AMSY-6 系统的采集频率可达 40MHz,采样精度可达 18 位。

（4）滤波器性能。滤波器的主要作用是解决外加信号的空间电磁干扰问题，例如，空间辐射较强的电磁干扰对设备采集信号的影响。

德国 VALLEN AMSY-6 系统可通过窄带触发宽带瞬态记录，有 500 个带通滤波器及凹槽滤波器可选，具有 FIR、IIR 型数字滤波功能，使信号在任何频率干扰下都不失真。

（5）信号带宽。信号带宽是指信号所占据的频带宽度。在被用来描述信道时，带宽是指能够有效通过该信道的信号的最大频带宽度。德国 VALLEN AMSY-6 系统信号的频带宽度为 1.6kHz~2.4MHz，可以满足绝大部分声发射检测的要求。

（6）声发射传感器。VALLEN AMSY-6 声发射检测仪可与 30 多种不同型号的声发射传感器相匹配。所有频带范围及不同尺寸的传感器均为高灵敏度压电传感器，传感器经过优化可以达到最高灵敏度。传感器需要配置较长的电缆。

声发射传感器有多用途的通用传感器、用于特殊目的的专用传感器，还有回声传感器、宽带传感器、高压传感器等。为了获得较好的信噪比，有的声发射传感器装有内置前置放大器。

（7）声发射前置放大器。VALLEN AMSY 提供了多种高性能的可与 AMSY-6 系统相匹配的前置放大器。多种选择可满足不同的检测需求。AEP4H 如 AEP4 前置放大器频带范围为 3kHz~2MHz（AEP4:20kHz~2MHz），适用于多种检测需要。每个前置放大器都具有坚固的外壳，并且可以通过标定脉冲，用于检测传感器的耦合状况以及进行声速测试。

AEP3 前置放大器可以通过软件调节放大倍数，放大范围一般为 34~49dB。前置放大器中带有插拔式频带滤波器模块，可对采集到的信号进行前置滤波。AEP3 有两种输入口，一种是常规 BNC 接口，另一种为 BNO 接口。

7.2.5 应用

目前，声发射已经成为一种成熟的无损检测方法，被广泛应用到许多领域。例如，用于检测玻璃钢罐、容器和管道等。它常常可以用来检测如裂纹、破碎的纤维、分层和纤维—基体键接的断裂等缺陷。虽然，声发射检测应用于纤维—基体键接断裂的检测并不总是可靠的。声发射无损检测方法正处于继续发展中，目标是提高其可靠性。

现阶段声发射检测技术主要用于其他无损检测方法难以或不适用的对象与环境：①被检件的综合评价；②与安全性和经济关系重大的相关对象；③要求检测效率高的对象。

复合材料多采用整体固化成型、混合连接等复合工艺,性能的再现性较差,用传统无损检测方法不可检测的缺陷类型繁多,在检测试验中易产生低应力损伤或不可修复的破坏。近年来,我国声发射检测技术的应用也正向先进复合材料检测方向扩展,典型的检测部件包括加筋壳支架、固体发动机、直升机垂尾、旋翼等。声发射检测的主要目的是检查试样中是否存在不可修复的破坏;结构完整性评定;损伤过程分析。

尽管复合材料的几种主要损伤形式都有各自不同的复杂性,但几乎都有一个共同特点,那就是这些损伤缺陷发生和发展时都有很明显的声发射,而且声发射手段对于这些损伤过程的分析都非常及时和有效,所以声发射检测技术是复合材料破坏机理研究及强度性能研究的最有效手段之一,可以有效地用于航空器壳体和主要构件的检测和结构完整性的评价及在役运行过程中的连续监测。

声发射检测仅用少量几个传感器和只需要有限的访问就能够监测整个的结构,这对于现场测试是非常有用的。它不必要进行大比例的表面扫描就可以通过应用先进的数字处理程序确定在结构中的任何缺陷源。与其他无损检测方法相比,其潜在的检测灵敏度是非常高的,可以检测到单纤维断裂。而且,声发射检测方法的有效性不依赖于缺陷的取向。

使用声发射仪器对复合材料进行检测需要注意以下问题,在进行声发射检测前,需要先根据复合材料的结构和检测的目的来调整检测参数。

(1) 被检测部件的材料。声发射信号的频域、幅度、频度特性随材料类型的不同有很大的不同,复合材料的信号带宽为 $2 \sim 800 \text{kHz}$,对不同的材料结构需要考虑不同的接收频率。

(2) 被检测部件的大小与形状。声发射源可能出现的部位与特征的不同,选用检测仪器的通道数量也应不同。通常要求对大型材料构件采用多通道型检测仪器,对于需要过程监控的复合材料,最好选用专用型声发射仪器。

(3) 根据在检测中希望得到的缺陷信息类型,考虑检测系统的性能和功能,如信号参数、波形记录、信号鉴别以及事后分析与显示等。

(4) 声发射传感器探头种类的选择。传感器会影响频率响应、灵敏度等。

(5) 定位的算法选择。缺陷的定位方式有线性定位、平面定位、三维定位、柱面定位和球面定位。定位方式的不同导致对缺陷的实际定位产生差异。

声发射仪器性能与主要影响因素的汇总表如表 7-2 所列。

表 7-2 声发射仪器性能与主要影响因素的汇总表

性能与功能	影响因素
工作频率	材料频域、传播衰减、机械噪声
传感器类型	频率响应、灵敏度、使用温度、环境、尺寸
通道数	被检对象的几何尺寸、波的传播衰减特性、整体或局部监测
源定位	定位、区域定位、时差定位
信号参数	连续信号与突发信号参数、波形记录与谱分析
显示	定位、分布等图表的实时或事后显示
噪声鉴别	空间滤波、特性参数滤波、外变量滤波及前端与事后滤波
存储量	数据量,包括波形记录
数据量	高频度声发射、强噪声、多通道多参数、实时分析

声发射仪器在复合材料的检测过程中的设置和校准过程的步骤如下:

(1)声发射仪器的校准。仪器硬件灵敏度和一致性的校准;现场声发射检测系统灵敏度的校准;现场声发射检测系统源定位的校准。

(2)传感器的安装。传感器表面与试件表面之间良好的声耦合为传感器安装的基本要求。试件表面须平整和清洁,清除松散的涂层和氧化皮,粗糙表面应打磨,表面油污或多余物要清洗。对半径大于 150mm 的曲面通常可简单处理成平面,而对小半径曲面采取适当的措施,如可采用转接耦合块或小直径传感器等。

在复合材料中,由于材料衰减较大,常用的传感器间距一般不超过 1m。区域定位时,传感器间距所对应的传播衰减值,不宜大于预定最小检测信号幅度与检测阈值之差。

例如,如果阈值为 40dB,预定最小检测信号幅度为 70dB,则其衰减不宜大于 30dB。区域定位比时差定位可允许更大的传感器间距。一般而言,需要在具体被检件上实际测定衰减特性,并确保在被检测区域内没有盲区。

(3)仪器调试和参数设置。主要是检测阈值的设置。检测系统的灵敏度,即对小信号的检测能力,取决于传感器的检测灵敏度、检测阈值的设置。其中,阈值调节为其主要的可控制因素。表 7-3 为检测系统灵敏度调节的一些参考。

表 7-3 检测系统灵敏度调节的一些参考

阈值/dB	适用范围
25~35	高灵敏度检测,多用于低幅度信号的高衰减材料或基础研究
35~55	中灵敏度检测,广泛用于材料研究和复合材料构件无损检测
55~65	低灵敏度检测,用于高幅度信号或强噪声环境下的检测

（4）系统增益设置。增益设置是仪器主放大器对声发射波形信号放大倍数的设置。为了保持系统在一合适的操作范围内,应根据检测灵敏度的要求来选定阈值,使增益处于一定的范围。

（5）系统定时设置。定时参数是指信号测量过程的控制参数。

（6）加载过程。复合材料的加载过程通常只有一次机会,必须要做好充分准备。加载过程应尽量合理安排,加载设备合适,加载程度合理,并合理安排好接下来的检测过程。

第8章 复合材料无损检测标准

8.1 概　　述

无损检测技术贯穿于装备研制、生产、试验和使用的全过程,并为其提供技术支持、技术服务、技术监督和技术保障。无损检测标准与规范是执行无损检测任务的前提,目前很多领域均建立了相应的无损检测标准体系,从产品设计、生产、制造、安装、运行、维护等全过程进行质量管理和监督,发挥了巨大的作用。

在复合材料及其结构制造中,国际上十分注重采用先进有效的检测技术进行质量控制和结构、产品检测。一方面,通过采用先进的检测方法、检测技术及其检测结果,检测其主工艺的符合性,帮助判别所采用的制造方法、制造工艺、制造设备工装、环境条件等是否达到了预期效果和结果,并根据检测结果反馈,帮助优化制造工艺,生产出高质量、高精度、高水平的复合材料结构或产品;另一方面,利用各种先进的复合材料检测技术,进行制造质量的控制,通过对复合材料产品或结构的性能、功能、几何特征、内部质量进行检验、检测,帮助判定其是否满足设计要求和结构、产品的验收要求,防止不合格零件或结构的装机使用,影响最终产品的质量和服役安全。

无损检测标准是无损检测技术的一个非常重要的构成部分,各种检测方法和检测技术只有上升到检测标准层面时,才能在材料及其工程结构的无损检测中发挥作用。建立无损检测标准的目的,也是为材料及其结构的缺陷检测与评估提供合适的检测方法和检测技术,指导专业人员能够得到一致的检测结果。

由于复合材料无损检测主要是依据检测人员所观察到的各种检测信号或图像,进行缺陷的检测和判别,因此,在很多时候,检测结果可能直接与检测人员、所用的检测器材(仪器设备及换能器与检测用对比试块等)、检测过程、检测工艺参数的选择等密切有关。

为了使不同的检测人员在检测相同的被检对象时,能够得到一致或相同的检测结果,通常都需要通过制定相应的无损检测标准及其检测工艺规范、规程和现场检测用的工艺图表,用来规范和指导经过培训且具有相应检测资格的无损检测人员的检测行为,确保检测结果的一致性。

当一种无损检测方法或者检测技术要用于材料及其结构的无损检测时,必须是经过了足够的检测试验验证,且对所限定的被检测结构具有充分的可检性和适用性,能够保证检出产品验收要求中规定可检出的缺陷,且适合被检测材料及其结构的检测。因此,复合材料无损检测标准的制定必须结合被检测材料及其结构的特点,研究制定相应的检测方法标准。

无损检测标准的形成通常需要建立在检测方法研究、技术验证、试验分析和检测应用基础上,通过业内广泛讨论和技术交流以及必要的检测试验验证,才能最终形成具有实际指导作用和执行意义的检测标准。因此,复合材料无损检测标准的制定通常需要由业内直接从事相关检测方法或技术研究与应用的单位承担编制工作,由具有一定技术高度和相应检测实践经验的技术人员或专家起草。而且检测标准一旦形成后,需要结合检测应用实践,不断地完善和改进,维护检测标准的适用性和活力。

对于批量生产中的复合材料无损检测,主要是通过检测工艺标准从"人",即检测人员,"机",即所需检测仪器设备,"料",即检测所需的辅助材料,"法",即所采用的检测标准,"环",即所需的检测环境,"测",即无损检测与检测过程"等方面进行约束和规定,以保证其检测结果的质量、正确性、可靠性以及一致性。为此,对于复合材料工程结构,需要结合复合材料检测工艺的基本要素,在试验验证分析基础上,建立相应的复合材料检测工艺标准。通常复合材料检测工艺的制定主要是依据复合材料及其成形工艺特点、结构特征、检测环境条件、产品验收要求等,从检测方法的选择、检测仪器设备要求、检测工艺参数、检测程序、缺陷的判别与检测记录等方面,进行检测技术和检测工艺约束,给出具有实际操作性的检测工艺参数、检测程序和检测结果评判方法等。

为了形成稳定的复合材料结构制造能力,生产符合设计和用户要求的复合材料零件,需要借助各种先进有效的复合材料检测技术进行制造符合性的检测,而为了确保检测结果的一致性、稳定性和准确性,目前技术上主要是通过建立相应的检测标准,规范和约束所采用的检测方法、检测技术、检测手段等,实现对检测全过程的控制。目前用于复合材料的无损检测技术主要包括:①检测方法和检测技术;②检测手段(包括检测仪器、设备、换能器和必要的检测工装等);③检测标准(包括检测方法标准和检测规范等)等基本要素。通常由于检测结果总与人、机、料、法、环、测等密切有关,为了得到稳定、可靠、准确的检测结果,成功的技术做法是:通过研究和建立复合材料检测技术标准,规范和约束可能影响检测结果的人、机、料、法、环、测等变数。特别是复合材料的无损检测,很多时候,检测方法的选择、检测信号研判、检测结果的评价等,都与检测人员的技术阅历、技术经验、专业知识、操作技巧等诸多因素密切有关。为此,只有通过具有非常清晰和针对性及操作性的无损检测标准体系的构建,才能尽量获取一致或相近的检测结果。

无损检测作为复合材料质量控制的主要技术手段和方法,如何保证其检测方法合理有效、检测过程稳定可控、缺陷评定正确定量、检出结果准确可靠、检测结论科学一致等尽可能减少来自人、机、料、法、环、测不达标或者偏离带来的影响,就显得尤为重要。

目前有效的技术途径是通过建立无损检测标准体系,规范、指导和约束复合材料的无损检测全过程。为此,需要根据复合材料及其结构特点、产品验收要求等,建立或制定相应的无损检测方法标准体系,实现对其进行无损检测,可靠地检出规定的超标缺陷。

由于复合材料及其成形工艺、加工工序、结构特征和属性等不同,缺陷检出要求会随之不同。为此,一方面,需要通过开展针对性的检测方法试验、缺陷可检性验证和缺陷检出能力的验证,并进行行相应的检测应用验证;另一方面,为从事同类复合材料或同类工艺或者同类结构设计制造与使用部门或行业提供共识性的检测参考或指导,通常就需要尽可能地将经过适用性验证过的,或者经过一定持续性检测应用积累后的相关的检测方法、检测器材、关键参数选择、缺陷判别、检测程序等技术细节、关键检测过程的控制以及与检测密切相关的人、机、料、法、环、测等要求,通过标准的形式固化下来,以便在相关行业、部门、检测人员之间进行传递,按相同的检测标准,可以得到相同或相近的检测结果和结论。为此,就需要结合复合材料及其制造过程的特殊性、结构可检性、可能产生的缺陷及其属性、使用环境等,制定相应的复合材料无损检测标准。

由于复合材料技术的敏感性很强,目前国际市场上仅有少量的通用性复合材料无损检测方面的规范、指南可以在开放性资料平台上有偿获取到,涉及具体的材料结构的缺陷评估方法、执行标准等技术内核,通常不对第二方提供。因此,具有强烈指导性的复合材料无损检测标准,通常都需要结合自身的复合材料材料、工艺、结构特点和要求及实情,制定相应的复合材料无损检测标准。

8.2　无损检测标准的分类

目前,用于复合材料的无损检测标准可以分为三个技术层面的标准:

(1) 检测方法类的标准(Standard Method),包括强制性检测方法标准和非强制性检测方法标准。

(2) 检测标准规范(Standard Specification)。

（3）指导性检测标准，如标准指南（Standard Guide）、检测标准惯例（Standard Practice）、作业指导书等。

通常检测标准规范更为具体，操作性更强些，适用的检测对象更为具体明确。

（1）方法检测标准：通常是针对被检测复合材料及其结构，给出规定的检测方法、检测程序和检测记录与缺陷评定方法等。

（2）检测规范标准：通常是针对具体的被检测复合材料及其结构，给出具体的技术要求和检测程序和规定的检测工艺参数与检测结果评定要求等。

（3）指导性检测标准：主要是针对复合材料无损检测方法、检测规范、重大检测技术、关重检测设备等，给出一些操作或功能或者用法等方面的说明，帮助或指导检测人员更好地掌握和进行复合材料无损检测。

8.3 复合材料检测标准体系

目前，复合材料无损检测标准主要分为以下几个层级：

（1）国家级的复合材料无损检测标准，包括军用标准。目前在复合材料无损检测方面，我国暂时只有两个国军标：《纤维增强复合材料无损检验方法第1部分超声波检验 GJB 1038.1A—2004》（175）和《纤维增强复合材料无损检验方法第2部分 X 射线照相检验 GJB 1038.2A—2004》。正在由中航复合材料有限责任公司牵头制定关于复合材料检测仪器设备方面的标准规范。

（2）行业级的复合材料无损检测标准。依据各个行业自身的特点，所编制和建立的无损检测标准，如 HB（航空行业标准）、QJ（航天行业标准）。目前有关复合材料行业级的无损检测标准也非常少。

（3）协会级的复合材料无损检测标准。目前最有影响的协会标准是美国材料试验协会（American Society for Testing and Materials, ASTM）标准，成立于19世纪80年代，它包括检测方法标准、检测规范标准、标准惯例、标准指南、标准术语（Standard Terminology）等。ASTM 也有一些通用性的复合材料无损检测或者复合材料无损检测相关标准，可以通过开放式平台有偿购买获得。

（4）企业级的复合材料无损检测标准是目前复合材料无损检测标准的主体，目前在复合材料无损检测中，主要是执行企业级无损检测标准，目前比较有名的，且在国内偶有所现的复合材料无损检测标准规范，以波音和空客公司为多。企业级的复合材料无损检测标准，通常是对自身所承担的具体复合材料结构的无损检测，制定和建立相应的无损检测标准体系。例如，波音有波音公司的复合材无损检测标准体系，空客有空客公司的复合材料无损检测标准体系。

尽管检测的原理可能相近,但技术细节和详细规定与要求、技术参数的规定与要求等不尽相同。

目前,国内比较齐全的企业级复合材料无损检测标准是 Q/ZHFC 复合材料无损检测(Composites Nondestructive Testing,CNDT)标准体系,即 Q/ZHFC CNDT 标准体系,是在继承和沉淀了近 30 年的复合材料无损检测专业技术研究成果和长期持续的检测验证应用积累基础上,构建的企业级复合材料无损检测,从企业标准角度,基本涵盖了目前复合材料超声和 X 射线检测方法。

8.4　Q/ZHFC CNDT 标准体系

8.4.1　Q/ZHFC CNDT 标准构架

建立复合材料无损检测标准的主要目的之一就是为不同复合材料、不同成形工艺、不同复合材料结构、不同的设计应用等,提供相应的无损检测方法、关键检测参数、检测器材技术要求、检测工艺程序、缺陷判别以及可能影响到检测结果的"人、机、料、法、环、测"等方面的要求或者规定。为此,Q/ZHFC CNDT 标准基于长期在复合材料无损检测技术研究,检测试验分析、检测试验验证、检测应用等基础上,经过持续不断的完善与修订基础上构建的。

Q/ZHFC CNDT 标准分为三个层次:

第 1 个层次:属复合材料无损检测顶层标准,主要由以下几个检测准则构成:

(1)复合材料无损检测仪器设备(包括换能器、对比试块、关键器材或附件等)的通用要求,如《Q/ZFC.8416—2016 复合材料无损检测仪器设备通用要求》。

(2)复合材料无损检测名词术语,如《Q/ZUO8415—2016 复合材料无损检测名词术语》。

(3)复合材料无损检测方法通用要求与选择指南等。

第 2 个层次:属于复合材料无损检测专业标准,针对飞机和发动机用复合材料及其成形工艺与结构属性、制造过程、产品的验收要求,使用环境等不同,分为两大类复合材料无损检测专业级标准:

(1)飞机复合材料无损检测方法标准。主要是针对不同飞机复合材料、不同飞机复合材料结构成形工艺特点与结构属性,构建了相应的专业级飞机复合材料无损检测方法标准,目的是强化所建立的复合材料无损检测标准的具体指导作用和重要技术细节、可能影响检测结果的关键技术要素的规定等,目前已有近 40 余项,其发布的最新版的标准主要包括:

Q/ZHFC8186—2016 夹芯结构 X 射线检测方法；

Q/ZHFC8144—2016 复合材料板件超声无损检测方法；

Q/ZHFC8106—2016 复合材料结构 R 区超声检测方法；

Q/ZHFC8109—2016 复合材料制件孔隙率超声检测方法；

Q/ZHFC8230—2016 复合材料厚板超声检测方法；

Q/ZHFC8107—2016 液体成形复合材料结构超声检测方法；

Q/ZHFC8108—2016 复合材料整体结构超声检测方法；

Q/ZH|FC8227—2016 复合材料结构超声可视化检测方法；

Q/ZHFC8105—2016 功能复合材料结构无损检测方法；

0/ZHFC8140—2016 缝合复合材料超声无损检测方法

Q/ZHFC8141—2016RFI 复合材料超声无损检测方法；

2Q/ZHFC8142—2016RTM 复合材料超声无损检测方法；

03 Q/ZHFC8153—2016 复合材料夹芯结构无损检测方法；

04Q/ZHFO8418—2016 带功功能层的复合材料结构超声检测方法，等等。

（2）发动机复合材料无损检测方法标准。主要是针对不同航空发动机用复合材料及其材料工艺和结构件的几何属性及其（检测要求不同，构建了相应的专业级复合材料无损检测方法标准，目的是突出发动机复合材料无损检测的特点和适用性，使之更适合于发动机复合材料的无损检测，发布的最新版的检测标准包括：

① Q/ZH|FC8410—2016 复合材料外函机匣超声检测方法；

② Q/ZHFC8411—2016 复合材料叶片超声检测方法，等等。

第 3 个层次：属于 Q/ZHFC CNDT 标准的操作文件，它主要包括相应的复合材料无损检测工艺规程和/或者工艺卡、作业指导书、期间核查规程等。主要是为了更方便快捷地支撑现场复合材料无损检测人员从事具体零件或制件的无损检测，目前已累计发布 1000 项以上，如：

JGC-JC. WS-0015-2016；

JGC-JC. WS-0005-2016；

JGC-JC. Ws-0004-2016；

JGC-JC. Ws-0006-2016；

JCC-JC. WS-0005-2016；

JGC-JC. WS-0008-2016；

JGC-JC. Ws-0009-2016；

JGC-JC. WS-0007-2016；

......

8.4.2 复合材料无损检测标准体系的主要特点

复合材料无损检测标准体系(Q/ZHFC CNDT)是由中国航空工业复合材料有限责任公司(中航复材)提出并建立的复合材料无损检测标准体系。由于中航复材一直在从复合材料研究、工艺研发、复合材料结构制造、检测技术预先研究、检测方法验证、检测应用验证工程化应用等方面具有专业配套和技术互相支撑,具有从"检测方法提出—检测验证—检测应用—检测优化与提升"的技术链迭代过程和条件。因此,Q/ZHFC CNDT 中的每项复合材料无损检测标准,其应用背景和需要都非常明确和贴合实际需求,所形成的检测标准都有非常扎实的技术攻关、试验验证、检测应用与优化的基础和技术积累,使标准的内容和技术细节、关键技术要素的给出等具有很强的针对性和适用性及指导性,非常贴合实际复合材料及其结构无损检测的要求和实际需求,所建立的检测标准都是在经过了大量的检测应用后,甚至是在对实际复合材料零件检测结果进行解剖验证后形成的。因此,Q/ZHFC CNDT 标准具有扎实的验证支撑,所有建立的复合材料无损检测标准与被检测复合材料工艺、结构属性等关联性非常强。这样就保证了所建立的每个检测标准的针对性、实用性非常突出。所建立的 Q/ZHFC CNDT 标准都经过了大量的检测应用和不断修订,实目时性和更新及时性非常强。尽管 Q/ZHFC CNDI 标准目前尚属于于企业级标准,但每个标准的形成都是按行业标准的要求来建立的,标准的形成过程中,按照行业内外评审程序和行业标准的要求来组织业内检测专家复合材料设计与制造方面的专家共同参与 Q/ZHFC CNDT 标准的评审,既体现了行业特色,吸收各方面专家的意见,又保证了其具有较高技术水平,同时积极听取和采纳了复合材料设计与制造方面的专家的意见和建议,使所形成的检测标准更加贴合复合材料检测应用实际,强化检测标准的代表性和针对性及实用性,与材料、工艺、设计和应用的关联性。

8.4.3 Q/ZHFC CNDT 标准的技术内容

以 2016 版的 Q/ZHFC CNDI 标准为例,在通常检测仪器设备标准中,可以轻松地掌握用于复合材料无损检测的仪器、设备、换能器、对比试块等关重检测技术要素及其性能、功能要求、期间核查方法与要求等。在复合材料无损检测名词术语标准中,可以从复合材料无损检测专业角度,非常容易地了解到相关的专业名词术语,复合材料及其工艺与结构方面的基本名词术语、缺陷检测与评估的含义与常见名词术语等。建立面向不同复合材料、不同复合材料工艺、不同复合材料结构的各种专业级无损检测标准,对从事相关领域的检测人员、技术人员,甚至是设计人员、工艺人员、管理人员等都能清晰和容易地从中选择相应的无损检测方法标准,非常详细和具有针对性,其中专业级复合材料无损检测标准通常包括以下主要技术要素:

(1) 每个标准适用检测的复合材料及其结构形式等方面的特征。

(2) 检测方法与原理。

(3) 环境条件、检测用辅助材料、耦合剂、仪器设备、换能器、辅助装置、对比试块、核查与期间核查、检测人员、检测规程等一般要求。

(4) 检测器材、检测能力、扫查检测、检测信号指示、耦合或防护、检测灵敏度、缺陷评定方法等技术要求。

(5) 检测步骤(工艺程序)、扫查方式、缺陷判别、检测结果评定、异常现象处理、无损检测报告等检测程序。

(6) 质量控制措施。

(7) 资料性附录等。

Q/ZHFC CNDT 标准实时性很强,基本上覆盖了复合材料制造、装配、复验、试验、服役等全过程中的复合材料层压结构、RTM 和 RHFI 及 VARI 等液体成形复合材料结构、缝合复合材料结构、蜂窝夹芯、泡沫夹芯结构、板—板胶结结构、功能复合材料结构等无损检测方法标准。而且,技术上一直跟随和跟进复合材料研究、工艺研发、结构制造与设计应用当前需求,进行 Q/ZHFC CNDT 标准的动态建立和修订工作,进行相关的技术攻关和检测试验验证与检测应用验证。

力求做到每个检测标准的技术内容和技术要素与材料、工艺、结构、设计、应用等俱进,并反映出复合材料无损检测的特点、要求和检测实践。

8.4.4　Q/ZHFC CNDT 标准应用指南

1. 通用标准

主要是针对复合材料无损检测的特点和检测要求,复合材料无损检测所涉及的仪器、设备、换能器、照射源、对比试块及其核查等,给出相应的要求、方法、相关名词术语、复合材料无损检测方法选择的基本原则、每种检测方法的实用性和缺陷检出能力、适用检测的结构和应用环境等,是专业级复合材料无损检测标准的引用标准。

2. 标准大类选择

根据 Q/ZHFC CNDT 标准的构架和构建特点,是按飞机复合材料和发动机复合材料无损检测进行大类规划的。因此,实际选用时,首先应根据被检测复合材料结构是属于飞机复合材料结构,还是属于发动机复合材料结构,进行 Q/ZHFC CNDT 标准的选择;然后,再按相应的标准大类进行专业级复合材料无损检测标准选择。其选择/选用可参考以下原则和方法：

（1）按复合材料类型选择，如树脂基复合材料的无损检测、高温复合材料无损检测等。

（2）按复合材料成形工艺选择相应的复合材料无损检测标准，如热压罐成形、非热压罐成形、铺丝铺带、缠绕等。

（3）按复合材料结构类型选择复合材料无损检测标准，如层压结构、夹芯结构、缝编结构、编织结构、整体结构等。

（4）按照缺陷的特点选择复合材料无损检测标准，如复合材料孔隙率的检测、胶结质量检测等。

（5）按检测方法选择，如超声、射线、可视化检测、目视检测等。

当然，有些标准还在不断建立和完善过程中，很多单位都会在第一时间，根据相关需求，承担和组织开展相关检测标准的技术攻关、试验验证和建标工作。

8.5 ASTM 复合材料无损检测标准

ASTM 标准是目前最有影响的协会标准，有关复合材料无损检测方面的标准有十余项，可分为：①标准惯例，②标准指南，③标准规范。其中复合材料无损检测标准惯例最多，涉及超声、X 射线、红外、激光电子剪切、声-超声等检测方法，典型的检测标准有以下几项。

（1）E1495/E1495M-12 复合材料层压板和胶结接头声超声检测标准指南（Standard Guide for Acousto-ultrasonic Assessment of Composites, Laminates, and Bonded Joints）。

（2）E2076/E2076M-15 玻璃纤维增强材料风扇叶片声发射检验标准惯例（StandardPractice for Examination of Fiberglass Reinforced Plastic Fan Blades Using Acoustic Emission）。

（3）E2478-11（2016）确定玻璃纤维增强材料损伤设计压力的声发射标准惯例（Standard Practice for Determining Damage-Based Design Stress for Glass Fiber Reinforced Plastic（GFRP）Materials Using Acoustic Emission）。

（4）F2661/F.2661M-15 宇航用板类和平面壁板类复合材料结构声发射检验标准惯例（Standard Practice for Acoustic Emission Examination of Plate like and Flat Panel Composite Structures Used in Aerospace Applications）。

（5）E2533-16a 宇航用聚合物基复合材料无损检测标准指南（Standard Guide for Nondestructive Testing of Polymer Matrix Composites Used in Aerospace Applications）。

（6）E2581-14宇航用聚合物基复合材料和夹芯材料弧光剪切法检测标准惯例（Standard Practice for Shearography of Polymer Matrix Composites and Sandwich Core Material in Aerospace Applications）。

（7）E2582-07（2014）宇航用复合材料壁板及修补后红外闪光热像法检测标准惯例（Standard Practice for Infrared Flash Thermography of Composite Panels and Repair Patches Used in Aerospace Applications）。

（8）E2580-12宇航用平面类壁板复合材料及夹芯材料超声检测标准惯例（Standard Practice for Ultrasone Testing of Flat Panel Composites and Sandwich Core Materials Used in Aere Applications），等等。

8.6　检测规程与工艺图表

复合材料检测规程与检测工艺图表或工艺卡通常是检测标准的下一级操作文件，直接指导具体的复合材料结构或零件的无损检测，属于企业内部文件，通常不对外发布，且需要由相关专业的无损检测2级人员或3级人员编制、3级人员审批的作业文件。

8.6.1　检测规程

检测规程是针对某种或同类复合材料零件编写的具体检测程序和步骤，其编写依据是相应的复合材料无损检测方法标准或检测规范。当所用的复合材料检测规范非常具体和具有较强的操作性时，有时也可以省略检测规程，直接编写检测工艺卡或者检测图表即可。

检测规程通常包括以下主要内容：

（1）被检测复合材料产品/零件型号。

（2）被检测复合材料产品/零件图号。

（3）被检测复合材料产品/零件名称。

（4）检测工艺规程编号。

（5）编写承制单位。

（6）工艺流程图。

（7）检测工序（步）号、工序（步）名称、工序内容和要求、所需检测用材料/工具与设备工装等。

此外，还需说明所引用的检测标准或检测规范、作业指导书、复合材料零件检测的示意草图等。要求简洁明了，具有很好的实际操作性。

8.6.2　检测工艺卡

检测工艺卡是针对某种或同类复合材料零件编写的具体检测程序和步骤，通常是依据相应的复合材料无损检测方法标准或检测规范进行编写，同类复合材料零件可以对应一个检测工艺卡，工艺卡要尽量简洁明了。当所用的复合材料检测规范非常具体和具有较强的操作性时，有时也可以省略检测规程，直接编写检测工艺卡或者检测图表即可。检测工艺卡通常包括以下主要内容：

（1）被检测复合材料零件信息，如零件名称、零件图号、材料、检测区域等。

（2）检测依据文件，如检测标准、检测方法等。

（3）验收依据，如验收标准、验收级别、验收要求等。

（4）检测器材，如检测仪器及型号、对比试块、换能器型号、检测频率、耦合剂等。

（5）检测参数，如最大扫查间距、最大扫描速度、检测灵敏度、扫查示意图、入射面的选择、仪器的主要设置等。

（6）检测结果记录与标记要求等。

8.7　小　　结

通过选用或建立先进适用的复合材料无损检测标准，规定相应的检测程序和检测步骤、检测参数等，规范和约束专业人员的检测行为，指导检测人员进行正确和有效的产品无损检测，尽量保证不同的检测人员对同一检测对象得出一致或相近的检测结果。检测标准的建立通常需要建立在大量的检测试验和检测应用验证基础上。就复合材料无损检测而言，目前业内更多地是采用企业级的检测标准。就复合材料无损检测而言，其检测标准体系一般由三个基本层次的检测文件构成：检测方法、规范标准；检测规程；检测工艺卡。围绕这三层文件还会有以下支撑文件和作业指导书。

Q/ZHFC CNDT 标准体系是目前比较完整的企业级复合材料无损检测标准，初具标准体系的特色和特点，基本上反映了目前飞机和发动机复合材料无损检测特点和实际需求，针对性和适用性非常强；每个标准都有大量的持续技术积累、方法试验验证、检测应用积累和修订完善过程，有较扎实的技术基础和应用基础；所涉及的检测方法，都有相应的前期技术攻关和后期试验验证与检测应用过程，有些标准的关键技术要素或者检测方法还有国家发明专利的支撑，也是一套在复合材料无损检测实践中一直得到实际应用和技术维护的标准体系。

参 考 文 献

[1] 宋天民. 超声检测[M]. 北京:中国石化出版社,2012.

[2] 袁鑫超. 碳纤维复合材料多层内部结构及缺陷检测方法研究[D]. 成都:电子科技大学,2018.

[3] 邓炜. 基于脉冲涡流的多层异种金属材料内部缺陷检测研究[D]. 成都:电子科技大学,2017.

[4] 贾继红,赵蓉,徐柳. 复合材料参数在超声检测中的影响[J]. 现代制造工程,2010(2):101-103.

[5] 葛邦,杨涛,高殿斌,等. 复合材料无损检测技术研究进展[J]. 玻璃钢/复合材料,2009(6):67-71.

[6] 刘松平,刘菲菲,郭恩明,等. 碳纤维增强复合材料层间界面缺陷超声成像技术[J]. 无损检测,2009 (11):868-870.

[7] 袁鑫超. 碳纤维复合材料多层内部结构及缺陷检测方法研究[D]. 成都:电子科技大学,2018.

[8] 梁涛. 复合材料脱黏缺陷红外热成像无损检测定量分析研究[D]. 成都:电子科技大学,2017.

[9] 张伟. 民机复合材料损伤快速检测及适航评估技术研究[D]. 南京:南京航空航天大学,2017.

[10] 张健. X射线检测技术在复合材料检测中的应用与发展[J]. 电子技术与软件工程,2018(23):98.

[11] 付刚强,张庆荣,耿荣生,等. 激光电子剪切散斑干涉成像技术在复合材料检测中的应用[J]. 无损检测,2005(09):466-468.

[12] 陈桂才,程茶园,井立,等. 复合材料胶接缺陷的数字成像检测研究[J]. 无损检测,2005(03):121-122.

[13] 张微. 蜂窝复合材料无损检测技术的研究[D]. 天津:天津工业大学,2019.

[14] 许振腾. 数字敲击检测在航空航天复合材料检测中的应用技术研究[D]. 南京:南京航空航天大学,2016.

[15] 刘松平. Q/ZHFC复合材料无损检测标准浅析[J]. 航空精密制造技术. 2016(05):44-46.